Ricky

土條成形注意事項:

1. 土條搓均勻(約手指粗細)
2. 、堆疊紮實的約3~4圈抹平
3. 先抹平內側,再處理外側.
4. 藉助工具拍打表面(整理輪廓)
5. 粘接時,先塗泥漿再割刀花.
6. 注意細部處理.

上釉注意事項

1. 手避免拿口緣,把手...等脆弱部分.
2. 選定釉色.擦拭素燒杯(避免灰塵).
3. 上釉方式.淋.浸.噴...等,不營什麼
   方法.釉藥厚度在 0.1~0.2 cm左右.
4. 底部迴緣不能有釉 迴緣留0.3~0.5cm不上釉.
5. 流動大的釉,不要上太厚,底部迴緣留高些.
6. 若要疊其它的釉,要等底色乾後才疊.
7. 整理場地,物品歸还.

陶瓷成形過程.

採土 → 配土 → 練土 → 成形 → 修飾 → 陰乾 → 素燒 → 上釉 → 釉燒 → 完成

採土
↓（富）耐火度、收縮（少）、粘性塑性少佳

配土三條件
降低膨脹係數 ↓ 減少收縮
坯鉢粉、陶石、蠟石、藍晶石

練土
↓ 机器 → 獸力、人力、菊紋練土

成形
手捏、注漿、高压注漿、土條、土板、拉坯＝擋坯
打身筒、鑲身筒、粉压

修飾
修坯、裝飾 → 刻花、貼花、刻花
化妝土

陰乾
X 吹曬 → 裂變形

素燒 800°C~950°C
↓ 850°C 12小時以上

（釉下彩）彩繪

上釉 浸、淋、噴、塗…

釉上彩繪

釉燒 1200~1300°C
↓ 1250°C 15小時以上

烤燒花 煖花 750°C 上下

完成

粘土的化學成份和影响

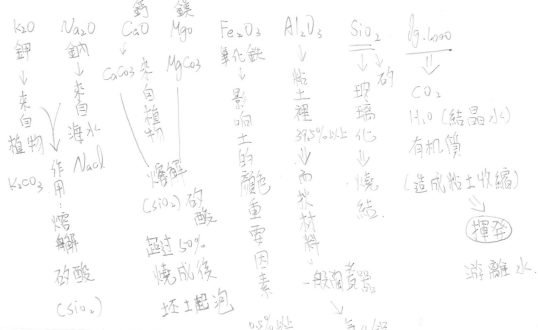

| K₂O | Na₂O | 鈣 CaO | 鎂 MgO | Fe₂O₃ | Al₂O₃ | SiO₂ | lg.Loss |

K_2O 鉀 ↓ 来自植物 作用 K_2CO_3 ∴熔鰡 矽酸 (SiO_2)

Na_2O 鈉 ↓ 来自海水 NaCl

鈣 CaO ↓ $CaCO_3$ 来自植物

鎂 MgO ↓ $MgCO_3$ 熔解 (SiO_2) 矽酸 超过50% 燒成後 坯土起泡

Fe_2O_3 氧化鐵 ↓ 影响土的顏色重要因素
0.5%以上 ↓ 白
1%以上 咖啡色

Al_2O_3 ↓ 粘土裡 37.5%以上 ∴而来材料 一般陶瓷器 ↓ 氧化鋁 20~30%左右 使用較佳 現在,使用陶土 23~25%.

SiO_2 ↓ 矽 玻璃化 燒結.

lg.Loss ⇓ CO_2 H_2O(結晶水) 有机質 (造成粘土收縮) 揮發 游離水.

鉀鈉鈣鎂矽 ↓ 熔解

陶藝技法 1・2・3

目錄

自序

　　坊間出版關於陶瓷技法的書籍，與其他藝術表現媒材（如：國畫、水彩……）的技法書刊相較，實在偏少；而在這少數的書刊中，又多是翻譯或編譯的書。當然，這些書也能提供許多有用的資料，但由於材料、手法或用語上的隔閡，使得作陶者在運用上，常有不方便的地方。

　　從二年多前，我開始規劃陶藝教室的課程起，就陸續不斷的聽到同樣的詢問：那裏可以找到一本既簡潔又實用的陶藝技法的書籍？因此，當一年多前，李賢文先生希望我能為雄獅圖書公司編寫一本陶藝入門的書時，我雖然也考慮到了內容的取捨、製作過程及成品的拍攝……等問題，但經過反覆思慮之後，還是答應了下來。當時只是想，盡自己的全力去做，雖不能將陶瓷技法蒐羅殆盡，至少能幫助習陶者在練習的過程中，可以很快的領略到陶瓷技法的門徑。並以最簡單的設備、工具；甚至在全無任何設備的狀況下。也能去着手製陶。在內容上，儘量以圖片為主，再附上文字說明，使閱讀時更便於明瞭整個的過程和方法。

　　等到我開始實際進入本書的撰寫和製作配圖用的作品時，才覺察到這其中的困難，遠超過我的想像；尤其是：愈基本的技法愈關係著日後各人的手法習慣，因此，我和陶藝教室的其他幾位老師，陳國能、唐國樑、姚克洪等人，常會為了該如何用最簡單的文字來詮釋一些習慣性手法，或是如何找出最易表達的手勢角度，而討論良久。他們在這本書的撰寫期間，為我提供許多寶貴的意見，並不辭辛勞的擔任示範工作，使這本書的圖稿得以順利完成。

　　本書的整體安排以土、製作、裝飾、釉、燒成的方式，以淺顯的介紹做陶的方法，並在附錄部份提供有志作陶者一個資料找尋的方向，使得人人有興趣動手去做。

　　書中的示範作品，多選自一些愛陶者和初學者的作品，而非專業性陶藝家的作品；其目的在於提供習陶者一個真實且可超越的目標。文中關於部分陶瓷發展史和名釉欣賞的部分，是盼望讀者略為瞭解整個中國陶瓷發展的特色後，對技法的相互運用與提昇，也會有相當的幫助。惟筆者才學疏淺，遺誤處自知難免，還望高明指導。

　　本書編輯得以完成，謹向協助文稿、編排、攝影的各編輯致謝。

李亮一

1985年 7 月20日
於天母陶藝工作室

緒論

陶器的確實起源時間和原因，至今仍是陶瓷史上衆說紛紜的項目之一。但陶器發生的原因和經過，不但與火的發明和控制有關，也和社會演進與文化型態的變遷有關，則是無庸置疑的事。

因此，許多早期的西方學者，如以挖掘仰韶文化遺址而著名的瑞典考古學者安德生……等人，在論及中國文明、陶器的起源時，多喜套用「外來說」；由於彼時正值民初的國勢動盪之際，文化普遍呈現出明顯的弱勢，而且，也有不少的中國學者，贊成此種「陶器技術乃是接受外來影響」的學說。

但是由於近數十年來史前遺址的出土，尤其是史前陶器遺址的大量發現，非僅推翻了陶器外來說，也進一步地證實了，我國陶、瓷技術的發展，實較西方陶瓷的發展爲早、爲優。同時，從一些出土物中，我們得以重新建立起我國陶瓷史上的一些新指標，以改正過去某些觀念上的誤差。

河南鄭州銘功路出土的商代早期墓葬品中，有一件完整的青釉尊，二里崗的商代中期文化層也有原始青瓷的殘片，江西吳城商代遺址也出土了許多原始青瓷。隨後，在江蘇的丹徒、烟燉山及吳縣的五峯山、安徽的屯溪、河南洛陽龐家溝、陝西西安張家坡、甘肅靈台北黃河中流、長江下游這一廣大地區，相繼有周朝原始青瓷的出土報告，改變了以往所認爲瓷器發展源於漢代的錯誤觀念。

在河南洛陽庄淳溝兩座西周早期的墓中，發現了一個穿孔的白色玻璃珠之後，陝西省寶雞市茹家莊的強伯墓中，又發現了上千件西周早、中期的玻璃管珠。雖然西周至春秋時代的玻璃器，僅僅出土於陝西寶雞、灃西，河南洛陽、陝縣等有限的幾個地區，但與早期原始青瓷的出土區域大致疊合，均在中原一帶。這些出土玻璃，經化驗出的成份是屬於鉛、鋇玻璃系統，與西方的鈉、鈣玻璃系統有所不同。更正了以往的「玻璃外來說」，也修訂了「北魏時，玻璃由西方傳入中國，連帶著傳入釉彩」的說法。

由此可知，我國旣以陶瓷母邦著名於世，確實是在陶瓷的發展過程中，有其足以自傲之處。事實上，除了上述的陶瓷技術自創性外，我國陶瓷的發展史上，還有另外一項特色，那便是不因襲舊規；幾乎每一朝代的陶工都能自創新績，發揮巧思，運用新材料，新的裝飾手法，使我國在陶瓷發展上，除了一脈相承的精神外，另添豐富多姿的面貌。

仰韶文化期的陶匠，已曉得施彩繪於陶瓷器器表的裝飾概念了，這些圖案大都是用流暢、生動的線條，畫出簡化後的人或動物形象以及幾何紋。

繼之而起的龍山文化、齊家文化出土物中，均有彩繪陶器；靑蓮崗文化與屈家嶺文化時期的陶器，其裝飾技巧更加進步，出現鏤空、刻劃及堆塑等技法。

商、周時原始青瓷的出現，說明了當時的人們已會運用灰釉，而現存於美國納爾遜美術館，相傳是金村所出土的戰國綠釉蟠螭紋壺，所用的釉是含矽混合鉛，加上氧化銅和氧化鐵等呈色劑的低溫釉，可視爲漢、魏時期低溫鉛釉的先驅。

由於漢朝崇尚陰陽學說，練丹術發達，鉛釉技術因而更形完備，出現綠、褐兩種色釉。但大都是單獨使用，偶而也會出現綠（褐）釉底上施褐（綠）釉的情形，而此時的灰釉陶也正朝著高溫青瓷邁進。

唐朝陶器，雖以流暢明麗的三彩器為代表，但比三彩器同時或較晚的湖南長沙窯，也是我國陶瓷發展史上值得重視的窯址。因為，長沙窯所創燒的釉下彩裝飾法，影響了日後的青花、釉裏紅等高溫釉的裝飾手法。

唐朝亡後，遼代也燒三彩，但在造形上出現了屬於遊牧民族的馬蹬壺、鷄冠壺、鷄腿罐等器物；而在金代的紅、綠彩器上，出現將色釉直接筆繪於底釉之上的裝飾手法，一改以往單純運用釉色變化做為裝飾的概念，是陶瓷製作上的新觀念。

宋朝可說是中國陶瓷美學的完形期，無論是製作技術、器形美感、釉色呈色效果、裝飾手法的運用（黏貼、刻劃、筆繪、化粧土）……等，均臻造極之境，非僅總結以往陶瓷工匠的努力心血，也為後世陶工開創出美的鵠的。

元代的歷史雖然短暫，但在陶瓷的發展上，不論是高、低溫器均有可觀之處。高溫器中出現了釉裏紅大盤；低溫器中，則不僅繼續燒造琉璃器，而且還出現了法花器。法花器的製作方法是在陶胎表面，用帶管的泥漿袋，擠漿鈎勒出凸線的輪廓，而後分別填入不同的釉色；釉的色調異於唐宋以來的三彩，是混合了蘇打成份的鹼釉，釉中氧化金屬的呈色效果更為亮麗。

明代瓷器中，有燒製精美的銅紅器，也有青花與低溫色釉相配合的彩器，如黃釉青花花果盤、嬌黃綠彩雙龍戲珠高足盌……等，但最廣為人知的仍是成化鬥彩瓷，經過弘治、正德到嘉靖時，釉上除了使用礬紅、黃、綠、紫等釉色外，又加添了黑色。

清代的彩釉，除了承繼前朝各代的優點，並應用了硼酸釉，使釉上彩的發色種類多達十餘種；又自西方引進畫琺瑯的技法，使繪畫和瓷器產生密切的結合，彩瓷技術，也於此時臻於巔峯。

民國以來，精巧的陶匠失去皇室與官方的支持，一般窯場在戰禍頻繁且市面上充斥著大量日瓷和西洋瓷的情況下，陶匠的生活頓失依歸，窯場也多以減產或停工來因應世局的變化，所生產出的成品便多以仿古為主，甚少新意。抗戰勝利後，政府有鑑於陶瓷業的衰微，曾在江西九江設立陶業專科學校，早期的國立北平藝專也設有陶藝科，但都因政局的變動而未發揮出振衰起敝的功效。

台灣的陶瓷工業，自始發展緩慢；被日本佔領的五十年間，僅是以生產粗製的日用器皿為主；光復後，一些有抱負的陶瓷工作者投身於台灣窯業的開拓行列，使台灣窯業在短短十年間面目一新，奠下日後發展的基礎。

將製成的黏土經過火的燒烤，變成堅固的陶器，這是一項人類最早的改變天然物質的創造性活動，歷代陶匠繼之注入無數心血。今後如何將陶瓷創作加以發揚光大，應是我們最重要的課題。

《第一章》土

第一章　土

從世界文化史的進展來看，當人們開始使用陶器來代替石器，成爲日常生活中的烹飪和儲存器時，即意味着人類業已脫離漁獵生活而邁入了定居式的農業文化期。

陶器的發展過程既是伴隨著實用的價值而來，它在取材上，必然是具備了某種便利性。例如，陶器的坯體是以黏土製成，而黏土是因岩石的長期風化所形成，在地球表面的各處均可見到，取之甚易，是一種既廉價又用之不竭的原料。

由於岩石本身所含礦物質的成分有所不同，各處岩石所受風化的程度亦有深有淺，因此，由岩石風化而產生的黏土，種類也隨之變化多端。這些組成元素各不相同的黏土，不但色澤有別，耐火度也不一樣，它們的顏色是取決於本身所含有不同分量的氧化物或有機物質。例如，瓷土本身的雜質甚少，因此呈現乳白色，燒結後成爲白色；而用來製做磚塊的紅色或土黃色黏土，由於其中含有多量的氧化鐵（鐵銹），不但入窯燒後會呈現紅色、棕色，氧化鐵也會使黏土的耐火度降低；至於香港黑土之所以看起來呈灰黑色乃因土中所含之有機物，迨入窯燒後，土中的有機物質被燒毀消失，成品的土色便會呈現出白色了；如果灰色的土在燒後變爲黑色，那麼我們可推測這土中含有鈷、鐵、錳……等的金屬氧化物。

因不同黏土而具多種的呈色效果，這特色在慧心巧手的作陶者眼中，便成了深具藝術表現性的素材了。像是於盛唐期發展出，與唐三彩齊名，而深受現今日本陶藝界所喜愛的絞胎器，便是使用多塊含有不同氧化金屬呈色劑的黏土，利用搓揉時產生的各種紋理變化，所製造出的美麗陶器。

而位於江蘇太湖西陲的著名陶都——宜興，早在北宋中期和南宋時代，便製作了於明清時廣受歡迎的宜興陶之雛形器。這些在中國陶瓷史上大放光采的宜興茶具，之所以倍受後世收藏家的青睞，一方面固然是明代時製壺名家輩出，改良並創新了茶具的形式；另一方面，也因它那與眾不同、被稱爲「紫砂」的特殊色調坯體，與宋代名窯——福建建窯器的褐黑色調，具有同樣深沉、高貴、雅致的美感。

類似唐代絞胎陶器、宜興茶具，這種因爲巧妙運用坯體黏土之不同色澤的特色，而在陶瓷史上佔有一席之地的例子，還有很多。因此導致了在盛產黏土的地區，往往爲了「就地取土」之便，吸引爲數甚多的工廠來此開設，聚集而成製陶專業區。以台灣爲例，北投、鶯歌、苗栗、南投……等窯業區便是因此而形成的。鶯歌目前有數百家大小不同的工廠，走一趟，有如走進陶瓷大觀園，各家所產製的不同成品，令觀者目不暇給。有傳統的缸、甕、骨灰罐、壺；仿古的青花、鬥彩、三彩、銅彩、青瓷器；供作建築用的嵌瓷 (Mosaic，俗稱馬賽克)、瓷磚、琉璃瓦、衛生陶瓷器；也有各式各樣的餐具、和外銷的陶偶、花瓶、花盆、飾品……等。這些種類繁多的陶瓷器，事實上，已不全然採用鶯歌土，而是依器物本身的性質來選擇坯土，因此，也採用了來自本省各地或購自國外的黏土。但鶯歌會形成本省的一個陶瓷專業區，其主要因素，還是在於鶯歌本地產有黏土之故。

△岩石經過長期的風化，漸漸變成土

▽各種土的試驗表

種類 色彩 燒成溫度	瓷土	苗栗土	大直磚土	白雲土	北投黑土	天母工地土	市內工地土	北投土
濕土								
乾土								
850℃素燒								
1200℃電窯								
1280℃瓦斯窯還原								

△工地挖出可供陶藝捏塑用黏土（局部）
　剔除土中雜質

◁從施工工地中挖出的黏土

一、怎樣取得黏土

　　既然黏土是使陶器坯體成形的素材，那麼，我們開始做陶時，所面臨的第一個問題，就是：泥土從那裏來？以一般的情況而言，我們取得黏土的途徑，有下列數項：

(A)如果僅是供個人練習，或三、五同好玩陶時所需，亦即黏土用量並不大的情況下，可以直接向陶藝材料供應商購買，也可以向鄰近的陶藝教室、陶瓷工廠、磚瓦工廠洽購。

(B)自行採掘泥土，對用土量不大的愛陶者，或有意追求新感受的陶藝工作者而言，是一種相當有趣的方法，而在採集泥土的過程中，工作者又可同時兼享遊戲與勞動的樂趣。方法是：每當你要去散步或郊遊時，隨身帶把適中的鏟子、和裝土的袋子，遇到建築工地正在挖地基時，往往可以帶回一些塑性不錯的黏土。因為這樣的黏土是從較深的地層挖出，土中所含的雜質較少，加上地下水的關係，使它保有濕度，帶回家的黏土，只要稍加揉勻便可使用。而在堆置廢土的地方，只消舉手之勞便可滿載而歸。至於在野外或休耕的稻田裏，只要除去地表的壞土，即能挖到黏土；此外，溪畔亦可發現淤積的黏土。

(C)許多的陶藝家或小型的陶瓷工廠，多是向泥土加工廠購買黏土。因為這種現成的泥土，經過加工的過程後，可直接使用，能幫助使用者免除許多繁雜的處理過程。加上廠商會提供有關燒成的溫度、色澤、質感等相關資料，也能節省使用者許多的實驗時間。這種買土法，對於用土量不小，又需多種黏土來配合心中創作意念的陶藝工作者而言，是相當經濟且實惠的方式。

▷在休耕的稻田裏，只要刨去地表的坯土，即可挖到適合陶藝捏塑之用的黏土

土礦場的採土過程

1 正在開採中的土礦

2 以強勁的水力，
冲洗開採來的泥沙土石

6 過濾泥漿中的粗砂

7 澄濾雜質及砂

8 將澄積的砂撈至池外

二、黏土的處理

當我們同時揉壓兩塊濕度不同的黏土時，很容易便會發現到較乾的那塊黏土，無論是觸感或可塑性，都不如濕度適中的那塊黏土來得順手。因此，如何保持黏土的恰當濕度，是從事陶瓷製作者所需密切注意的事項。尤其是自己採掘回來的泥土，需要經過處理，才便於使用。而於處理過程中，也可順便除去泥土中的雜物（草木的根、小石子……等）。如果採集回來的土濕軟適中，也沒有雜質，稍加揉練後即可使用，如果太硬，可以先將它分成小塊，經曬乾後，用木槌或鐵槌把它敲碎，再儘可能地敲壓成粉末狀。再將土粉加入適量的水，並混合均勻後，經過揉練，即可使用。

3 用碎石機壓碎過粗的土石

4 泥漿順著導管往下流

5 鐵網濾去過粗的石塊

9 過濾池

10 將濾好的細泥，置入麵粉袋中，慢慢的除去水分

11 也可用機器直接壓去泥中水份，使成土板

不同濕度的黏土

1 乾濕適中的黏土

2 過於乾燥的黏土

3 含水過多的黏土

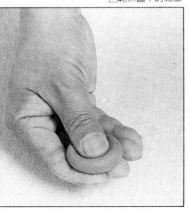

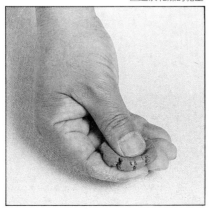

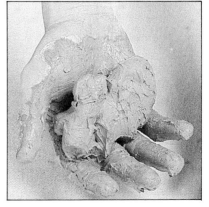

如果採集囘來的土有雜質，或太硬則可用水簁法處理，程序如下：

①將泥土曬乾，並敲成小碎塊。

②將敲碎的小泥塊，放入水中浸泡，不時加以攪拌，使之成爲泥漿。

③這些泥漿用40目篩子過濾後，倒入容器中，靜置數小時，使泥土沈澱於底部。

④除去容器上層的清水。

⑤將濕泥置放在乾燥的石膏板上，利用石膏板吸收一些水分；或是將濕泥裝進麵粉袋或特製的尼龍袋中，濾去多餘的水份後，即可使用。

水簁法

1 將採集回來的土曬乾再敲成碎塊

2 加入適量水份

3 攪拌泥塊和水使成泥漿

4 將上層泥漿倒入容器，濾除沈澱的石塊雜質

5 利用石膏板吸去多餘水份

剔除雜質

1 用切割線從土塊腰部切開　　　2 翻起上片土塊　　　3 用錐刀剔除土中所含的雜質

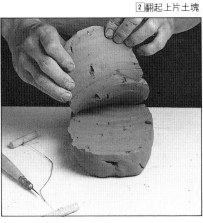

三、練土

黏土的乾濕度調整好了以後，便要進行練土的工作。練土的兩個主要目的是：

(a)使泥土中的水分均勻，軟硬度一致。

(b)消除黏土中的空氣。

因為，當工作者使用軟硬不均的黏土時，不但在手捏成形的過程中會遇到操作上的困難；在拉坯成形時，也會因而造成中心不正、坯體厚薄不一及扭曲的現象。此外，用軟硬不勻的黏土，所製作的器物，在乾燥或燒成時，坯體也會因此而變形。

而黏土中若含有空氣，形成氣泡，在入窯燒成的過程中，依據空氣受熱膨脹的物理現象，高溫會使得坯體中的小氣泡膨脹，而膨脹後所產生的壓力，便是導致坯體爆裂的主因。由此可知，練土實是陶瓷器可否成形的主要關鍵，現將一般所習用的練土法和它的製作程序簡介於後：

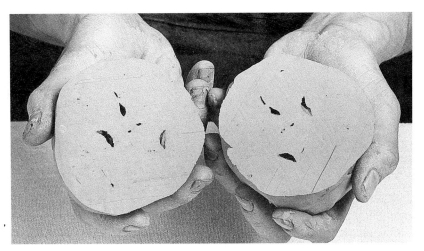

▷未經練土處理的黏土中可能含有氣泡，會導致燒成時的爆裂

切割式練土法

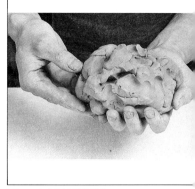
①取一塊濕軟適當的黏土

旋轉式練土法

⑤重覆製作球體的動作

⑥視土塊大小約反覆20次，將土練
至完全沒有氣泡

1. 切割式練土法

①取一塊黏土，以搓、滾等方式做成球狀。

②用細鋼絲將土塊從中切開。

③剖開後的兩個半球，以背對背（半球體的
彎曲表面相對）將兩塊半球形泥土疊在一
起，並在桌上用力擲成一團，再做成球形。

④這樣反覆將黏土切割、疊合，需要約二十
次，便能將土中的氣泡消除得差不多了。

2. 旋轉式（菊紋）練土法

這種利用手腕和手掌外側施力於泥塊，使
泥土因推壓之力而前移，並壓出土中氣泡的練
土法，在練土的過程中，泥塊會因手部韻律性
的搓壓，而產生如菊花瓣般的紋路，所以又被
稱為菊紋練土法，是一種最常用又最具效果的
練土法。

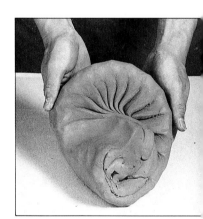
④壓痕有如菊花紋

①雙手自然而輕鬆的覆在泥塊的兩側，如同
常見的揉麵式姿勢。

②右手用手腕和手掌外側的力量，在土塊底
部做出由上往下壓的推進式動作，左手則
略施力，頂住右手所施於泥土的力量，使

2 將黏土揉成球狀　　　　　　3 剖成兩個半球體　　　　　　4 以背對背方式再行壓疊

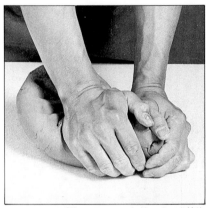
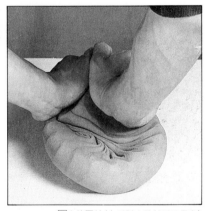

1 揉土　　　2 一面壓，一面扭轉土塊，手勢的　　　3 土的壓紋(由手肘內往外看的景象)
　　　　　　正確與否，影響練土的效果甚大

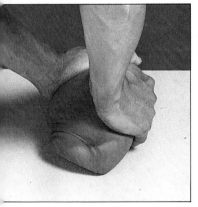
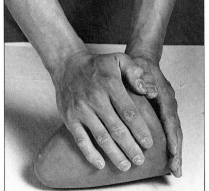
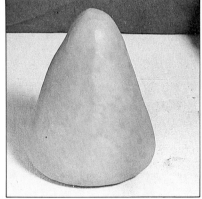

5 約壓50下後；漸漸縮成錐狀　　　　6 搓滾成錐狀土　　　　　　回 完成形狀

底部泥土的軸心保持平衡；也就是要使泥
團的上部，保持一定的分量，不讓底部的
土擠上而變大，導致整個泥團軸心的變動。
③左手在施力抵著右手所推進的泥土時，可
　順勢往順時鐘方向轉動一下，將泥團的上

部略扶高些。
④上述動作，以合於節奏的速度約做100次。
⑤逐漸減輕雙手所施諸泥土的力量，使土塊
　的菊紋部漸漸縮小，形成如錐狀的土團，
　即可使用。

21

△練好的土，置於塑膠袋中備用，以防水分風
乾變硬

3.練土機練土法

在需要使用大量黏土的場合，切割式和旋轉式練土法，便不如使用練土機來得省時省力了。但使用練土機時，最需注意安全！

①將需要揉練的土塊，調配成適當的軟硬程度，再置入練土機。

②在練土機出口處，試捏練出的土柱，其軟硬度是否合適，再視情況決定，是否需要加入軟土或硬土。

③利用練土機出口處，所加裝不同口徑的模具，將練好的土，切割成適合工作者所需的形狀。

四、黏土的測試

對於一般習陶者而言，去測試自己所使用黏土的耐火度及收縮率，並不是非常必要的；但是一份完整的黏土測試記錄，對於陶瓷工廠

△廢棄的坏土可以加入適量的水使變軟

▽練土機練土的情形

△採集回來的土做成錐狀，置於高溫坯上測試

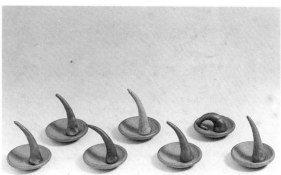

△燒成後(1280℃)可看出各種土的耐火度、
　站立性及色澤

◁黏土在不同溫度時的收縮率，其由上向下依序為
　①濕土②850℃素燒③乾土④1250℃素燒

並置於高溫（1250℃以上）的平坦坯體上（以防
熔點低的黏土，因超過熔點而溶化，黏住了窯
的隔板）；然後，再看各錐形土塊的彎曲度，
比較之下，便能知道所需測試者的耐火度了。

收縮率的測定，可將待測的黏土，做成數
個長10公分、寬3公分、厚1公分的土板，分
別以不同的溫度燒成，再將燒成後的長度與原
長度相比，便能算出這塊黏土在不同溫度時的
收縮率了。例如，當這塊10公分長的黏土，在
1250℃時，變成了9.4公分，也就是收縮了0.6
公分，因此它在1250°C時的收縮率就是 6 ％。
大體而言，黏性愈大的土，其收縮率愈大，而
運用這種土所製作的坯體，在乾燥及燒成的過
程中，比較容易變形。

當陶藝家運用野外採集來的黏土做為成形
素材時，耐火度與收縮率的測試表是必備的資
料；但對開始習陶者而言，本小節僅是提供如
何去瞭解土性的參考資料。

或陶藝家，都是助益甚大且有保存價值的資料。

簡易的耐火度測試，可將所需測試的黏土
與其他數種已知耐火度性質的黏土，做成同樣
大小的錐形，放進已停火但尚有溫度的窯中，

《第二章》成形

第二章 基本成形法及運用

黏土是陶瓷器成形的基本素材，但是當陶瓷工作者面對著一堆已處理好、可直接使用的黏土時，他們是用甚麼方法，使得那堆沒有生機、沒有形狀的泥土，變成一件件既可實用，又可觀賞的器物呢？

從陸續出土的我國新石器時代的陶器來看，無論是陶罐、瓶、盤……等，基本上都是手製的；在慢慢的捏塑黏接之際，先民對自然的禮讚、對圖騰的信仰、對自己的喜怒哀樂……全都一點一滴的由手指貫注至泥土中」，這使後世的我們，在遠隔數千年後，觀看這些陶器，仍能從那略嫌粗糙的製作過程中，感受到那塑入泥土中的質樸虔敬之精神。例如：龍山文化中有種獨特的器形——陶鬶，它的用途是溫酒器，可能是在某種祭祀的場合才使用；它的形狀是長喙、長頸，有時還在相當於眼部的地方貼上泥點，像極了水鳥，因此有些學者相信陶鬶的造形是源自鳳鳥——東夷族的圖騰。當然，類似這種展現先民巧思的陶器，在中國陶瓷史上可說是屢見不鮮。

由此可知在轆轤尚未發明之前，先民便已懂得應用徒手捏泥成形，或是泥條盤築的方法來創造出各式各樣精彩的陶器。這些陶器除了殉葬的車馬儀隊俑、樂師歌伎俑、鎮墓獸……之外，無論是食器、酒器或容器等，大多是圓形器或圓形器的變化。等到轆轤被陶匠廣泛採用以後，熟練的拉坯技巧所形成的優美弧線，象徵著圓滿和諧的圓形器，更是深受大眾的喜愛，並因而形成了崇尚圓形器的民族特性。

至於深受現代陶藝家所喜愛，且能容納更多個人想像力、創意的陶板成形方式，在中國

▽龍山文化黃陶鬶 山東濰坊姚官莊出土 此件作品的紋飾在器身上，以流為中心，環繞三道凸起弦紋，弦紋間貼飾釘紋

◁龍山式黃陶鬶 高36.5公分 山東日照出土 現藏於中央研究院

□仰韶文化彩陶

仰韶文化時期，先民所使用的食器、容器，
多是圓形器或圓形器的變化。

半坡類型／1.缽　2.3.罐　4.盆　5.缽　6.盆
廟底溝類型／7.8.碗　9.罐　10.盆　11.盆
　　　　　12.碗　13.盆　17.瓶
後崗類／16.缽　　大司空村類型／15.盆
秦王寨類／14.罐

出土地：
1.～6.　陝西西安半坡
7.～13.河南陝縣廟底溝
14.河南成皋
15.河北磁縣界段營
16.河南安陽後崗
17.甘肅甘谷西坪

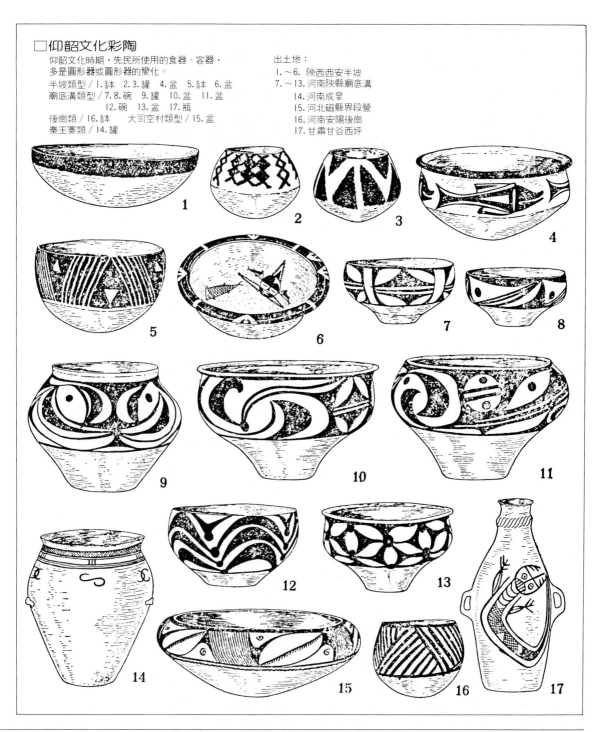

手捏成形的製作

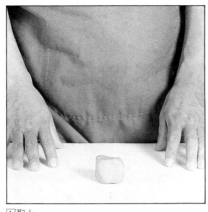
① 取土

② 搓成球體

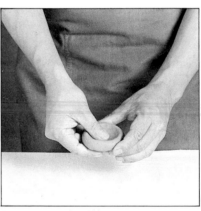
⑥ 雙手配合性的邊壓邊轉

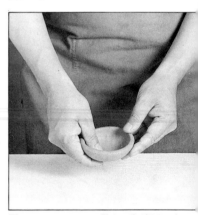
⑦ 壓土的同時，要用感覺使坯體的厚度均勻

的陶瓷傳統中，似乎並未蒙受陶匠們太多的青睞，這或許與傳統注重團體工作的陶匠制度有關。但這種既不需用轆轤，又可省去修坯的麻煩的成形法，在現代台灣陶藝的訓練中，其份量已漸趨加重，陶藝家更是喜歡運用它獨特的造形效果，來做出與其他成形法各異其趣的作品。

現將一些常見的陶瓷成形法，介紹如下：

一、手捏成形法

手捏泥土成形是製陶的最基本方法，可以不用任何工具，只需運用手部把泥土捏壓成作陶者心中所要的形狀即可；是一種最古老的製陶成形法，也是初學者最易著手與訓練成形能力的方法。

這種透過手指與泥土直接觸摸的方法，可以幫助作陶者充分而確實地掌握泥土的特性。因為當我們直接以目測的方式來判斷土的濕度或厚度時，難免不會摻雜些主觀的誤差，導致日後成品上小瑕疵。而直接透過個人肢體所傳達至腦部的訊息，日積月累下來，便形成對泥土本質判斷的最佳準則；因此，若說手捏是學陶的捷徑，倒也並不過份。

但對初學者而言，到底怎樣的濕度才合適於手捏成形呢？這實在無法以科學性數字來表示，只能以我們的觸覺來判斷，大致說來「摸不黏手，壓不開裂」，便是最易於壓塑成形的濕度了。

而坯體的厚度要如何判斷呢？這倒沒有一定的標準，因為薄的坯體雖然保存不易，但易於帶給觀者一種輕巧、柔美的感覺；而厚坯體

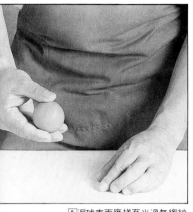

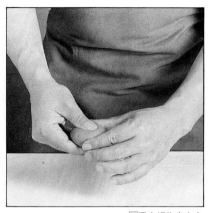

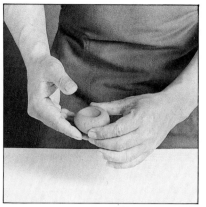

③泥球表面應搓至光滑無縐紋　　④用大拇指定中心　　⑤大拇指下壓的形狀

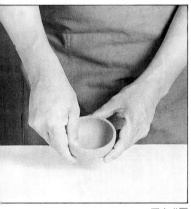

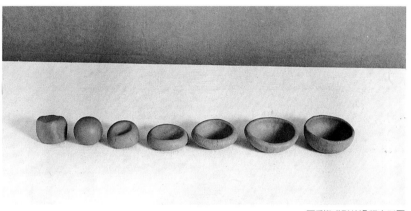

回完成圖　　回手捏成形的過程序列圖

的沈穩、堅實感，往往帶給製陶者在燒窯上的困難，因此坏體上的厚薄度，完全取決於作陶者心中的構思與所要表達的感受。所以，在我們日常生活中所用的碗、盤，和藏於博物館中薄如蛋殼、幾近透明的脫胎器，以及建築用厚達四、五公分的紅磚，彼此之間厚薄度的變化甚大。

厚薄度雖然沒有固定的準則，但器物本身的形狀和大小仍是決定性的要素之一，例如：我們在製作尺寸小的或球形的器物時，應採用比較薄的坏體；而平板式或體積較大的器物，則適用於厚些的坏體。

(一)基本成形法

①取一塊適量的泥土。

②將這塊泥團放在兩個手掌心間，將其搓轉成球形。

③應搓轉至泥球表面光滑且無縐紋爲止。

④用一手輕托泥球，另一手的大拇指對準泥球中心，其餘四指自然併攏和拇指相對。

⑤大拇指由上往下，以「蓋手印」的姿勢，將泥球下壓開洞（此時應避免指甲在泥土上刮下指痕）。

⑥另一手幫忙做轉動的工作；壓一下，轉動一下。

⑦一面壓捏，一面用手感覺它的厚度，直到坏體的底部被壓到理想的厚度。

⑧拇指離開中心點，以螺旋形的運動軌跡，逐漸盤旋而上，進行同樣捏壓轉動的工作。

⑨在逐漸捏薄捏高的過程中，需一直保持坏體的厚度均勻，內部光滑平整，並保持口緣的圓弧度，才算完成。

手捏過程的剖面圖

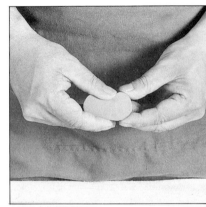

① 定中心時的剖面圖

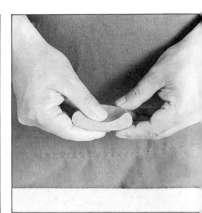

② 向外壓土時的剖面圖

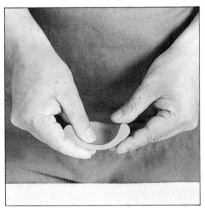

③ 壓土時應由底部往上，邊旋轉坯體邊往上捏

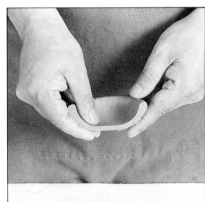

④ 順序往外及往口緣部份捏土

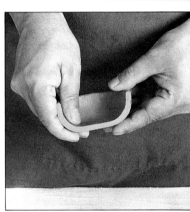

⑤ 完成作品的剖面圖，坯體厚度要均勻

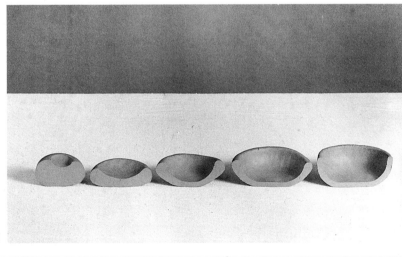

□ 各階段的剖面圖

△雖然僅是隨興所捏出的烟灰缸,但也具備了合於日常生活所用的現代感
◁手捏成形的陶碗,釉燒後仍不失古樸自然的雅趣
▽燻燒後的手捏碗、杯、罐,頗能引人發思古之幽情

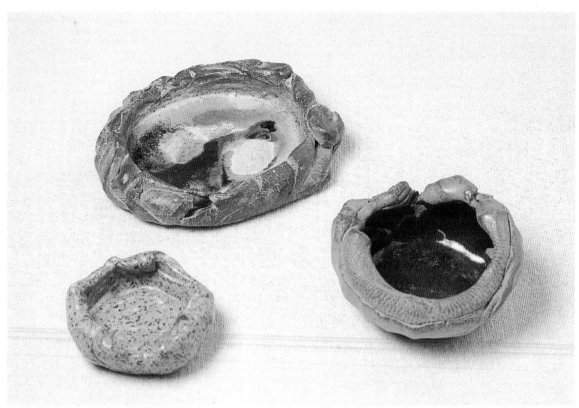

△釉色的變化，可以賦予手捏陶更豐富的面目
▽手捏成形，可以靈巧的向大自然取材，而不受成形技巧的限制

手捏的應用

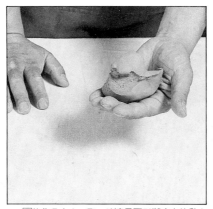

① 依作品大小，取一塊適量而形狀自由的黏土

② 依前述手捏基本方法相同，直接用拇指開洞

③ 從開洞點往四周壓土，保留邊緣紋理

④ 壓土的同時，也需注意到坯體各部份的厚度

⑤ 調整厚度

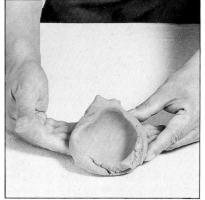

□ 完成圖

(二)手捏的應用

①取一塊任意形狀的泥土。

②不經過搓成球形的動作，直接以拇指開洞捏壓成一容器。

③口緣部位不壓也不修整，讓它保持自然而原始的形態。

□各種手捏成形的作品

• 花器

• 烟灰缸

• 茶壺

• 觀賞品

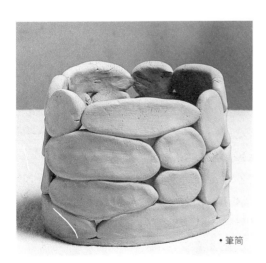

• 筆筒

• 鈴

• 依蒂形切出蓋子形狀

取蓋的情形

• 糖果罐

二、泥條盤築成形法

　　從現藏於故宮博物院的半山式彩陶罐，我們便可以得知早在仰韶文化時期，先民便已大量採用盤築泥條做為陶器的成形法了。而從各種出土器物中，更能看出那時的圈泥法，除了用泥條以螺旋狀盤築成器之外，還有的是用泥條作為圓圈，逐層疊築而成器形的；當所要製作的器物是不規則的器形時，例如製作橢圓形的器身時，他們會利用拼合兩個半球體的方式成形。

　　到了現代，泥條盤築成形法被陶藝家賦予了更廣泛的用途與更活潑的面貌。不單是圓形的器物，還有各種不規則幾何形狀的陶器，或是中空的雕塑性作品，都能用泥條來盤繞成形。由於泥條可以被自由彎曲及變化，在製作時，也不妨考慮保留泥條的紋理，以獲得有趣的裝飾效果。現將泥條的作法與泥條盤築的成形法介紹如後。

(一)泥條的作法

　　①取一塊適量的黏土。

　　②雙手在胸前呈一上一下自然握拳狀，運用掌心之力，壓擠握於掌中的泥土，並利用雙掌一握一放之際，自然轉動泥土，將泥土整理成柱狀。

　　③將柱狀的黏土平放在桌上，雙掌掌心斜置土表，四指微微下垂，運用掌心力量搓動柱狀黏土，使它在受力與滾動中，逐漸拉長變細，成為適用的泥條。

泥條的作法

1 取適量的土

2 將土握轉成棒狀

基本成形法

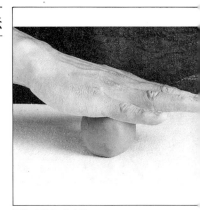

1 取土並搓成球體

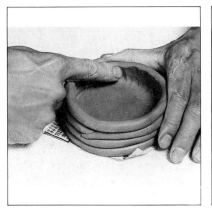

6 土條滾動成適用的粗細即可

5 依序加高，並將內部推平

6 土條不夠時，可續加並重疊接頭部份

□完成圖

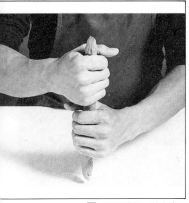

③運用手掌握、放之力，
使棒狀泥土更爲細長

④再用雙手搓成所需要的泥條

⑤也可以將土條置於桌面滾動，雙手動作須一致

②用掌側之力將土球打成圓狀土板

③以海綿沾水輕輕潤濕土板邊緣

④將泥條沿著土板邊緣輕輕壓上

(二)基本成形法

①取一塊黏土搓成球狀。

②將泥球打成厚薄均勻的土板。

③將泥條沿著土板邊緣輕輕壓上，爲使其黏
　接牢固，可以用海綿沾少許水，在接著處
　擦濕，以後每加一圈擦一次。或者將內部
　推平，保留外表泥條紋路。對於實用器皿
　，內部平坦易於清洗。

④依序加至所要高度。

(三)泥條的運用

①小甕和缸的作法

　在沒有轆轤可以拉坯時，或是不熟練拉坯
　技術的人，運用泥條成形法，也可以製作
　出很大的器形。例如以前鄉下儲水用的大
　水缸便是。它們的作法請參照配圖。

②運用泥條的彎曲所製作的各種器形，其變
　化因個人的創意而不同，故無法一一舉出
　過程，僅提供圖片供讀者參考。

回 大水缸

大水缸的作法

1 在木盤上撒下適量的乾燥砂子，
以防底部黏住木板

5 由於是做大水缸，因此需要較粗口徑的泥條

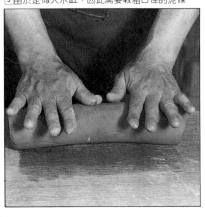

6 盤築泥條時，用左手護住外側，
以右手食指擠壓使與底層坯土接著

7 雙手用力的情形

11 待下半部稍乾，繼續往上接

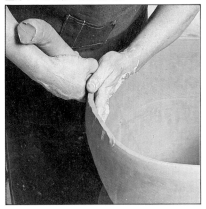

12 雙手用力的姿勢

13 口緣部份加厚，以增強力量

2 取適量土塊，做成圓餅狀，
置於土板之上

3 壓底

4 捶壓出適當口徑的底部

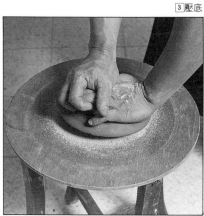

8 修整內部

9 做成缸狀

10 運用拍整工具，拍平缸的內外，完成下半部

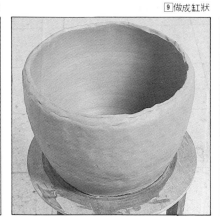

14 以濕布潤滑口緣，使平整

15 最後再依整體的功能性，修整外形

□ 木拍及土做的模具

小甕的作法

2 用指力壓合泥條與底部

3 每盤築三、四圈後，即以指力壓合

4 往上增加並逐步縮小

5 壓合外緣土條時，
內側需以指腹護土，反之亦然

6 用拍整工具修平指痕

7 繼續縮小口徑，製做口緣

□ 完成圖

40

□盤泥條作品欣賞

△用泥條盤築法所做出頗具裝飾趣味的枱燈座　　△意趣各異的瓶、盤、杯、罐等作品

▽由樹根的聯想所做出的花器　　　　　　　　▽小罐

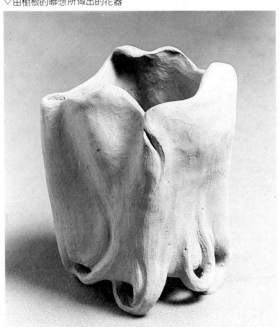

① 在準備好的紙上，用泥條盤出預想的圖案　② 將底部抹平　③ 完成的形狀

▽運用交叉線條所形成的靈感而做出的籃子

▽外表刮平與保留泥條趣味的兩種花瓶

▽盤泥條法所做出的器物，常保有良好的肌理感

▽波浪式泥條所架構出的燈座外觀

▽有蓋的盒

△手捏成形具有古拙風味的罐子

▽盤泥條成形的花器

△手捏成形再黏加耳飾的容器

▽手捏後變形並加以刻劃圖案的作品

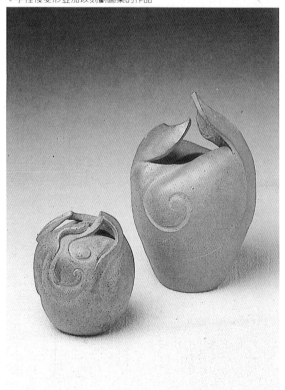

△手捏成形再於器腹刻劃線條，增加動感效果的花器

▽手捏成形並於器表黏貼飾樣的容器

▽手捏成形並予以切割褶曲

三、土板成形法

利用土板製作陶器，其應用範圍相當廣，從平面到立體，變化無窮，可隨土的濕度加以變化。當土板半乾時，可用來製作一些挺直的器物，有如木工製作一樣；較濕軟的土板，則可用來扭曲、捲合，做成自由而柔美的造形，有些類似做裁縫；也可以利用各種模型在土板上壓出特定的形狀，甚至在壓製土板的同時，也可以順手在土板上壓印下各種紋理，增加作陶的樂趣。

這種不需太多工具即可作陶的手法，是一種較能容納更多個人想像力與創意的陶器成形法，也是一種具有高度自由化的成形手法，它的最大缺點在於燒成過程中的破損率，要較採用其它成形手法者爲高。

(一)土板的製作

許多人在製作土板時，往往忽略了實際上的需要，結果所用到的部份往往不及全板面的一半；或是土板太小，不足以做到他原來想要的大小，就時間和勞力上來說，都是很大的浪費。因此，在一開始時就要想好自己需要的形狀，再選擇合適的土板製作法，以達到省時省力的效果，現將一些土板製作法，介紹如下：

1.滾壓法

當作陶者需要較大面積的土板時，可採用此法。製作時，最好先在桌面墊上一層帆布，以免被壓斡後的土板黏住了桌面，無法移動。

①先將黏土用手掌打平壓扁。

②用手掌側面（俗稱手刀）將壓扁的泥土再行打薄。

③黏土被打薄後，分別在兩旁放置同樣厚度的木條（厚度是依作陶者心中所想要的土板厚度而定）。

④以斡泥棍在泥土上從中間向兩端斡，並使黏土被壓斡成與木條同樣厚度的土板。

3.捽薄法

這種方法不需要任何的工具，純靠手上的功夫，就可以把土捽成薄片，但它的缺點是無法控制土板的形狀。

①先把土塊壓扁。

②右掌掌心向上，托住已壓扁的土塊。

③快速向左翻轉右掌，同時將掌上的土塊側捽至桌面。

④土塊因承受側捽的下壓力，與桌面的反應力，而被拉長變薄。

⑤重覆的動作，可使土板一次比一次更薄。

2.切片法

若是同時需要好幾塊同樣大小的土板時，可以採用這種方法，省時又省力。

①先將黏土整理成所需要的形狀。

②視所需要的土板層數與厚度，在土的兩側放置同高度等數量的木條，如果木條數量足夠，可放到接近土塊高度。

③將切割線壓在木條上，並用雙手拉緊。

④從外向內，把泥土切成片狀。

⑤每切割一次，土塊兩旁的木條各減去一條。

⑥重覆上述動作，直到切完爲止。

滾壓法

1 利用手掌往下壓推的力量，使土塊呈平板狀

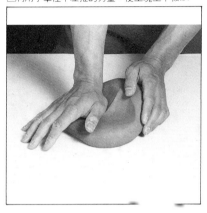

2 左手扶土，右手手刀將土板順序打薄

3 放置等厚木板於土板兩側

摔薄法

1 雙手拿起已壓扁的土板

2 由前方向自己身體方向摔

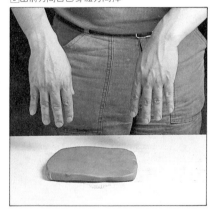

3 拿起土板

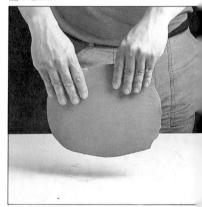

7 直到出現所需的薄度為止

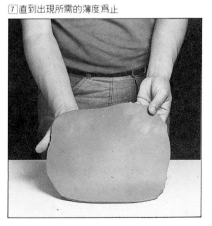

切片法

1 視所需的土板厚度和數量，在土塊兩側架上數片同厚度木條

2 每切一片土板，即取下一片木板

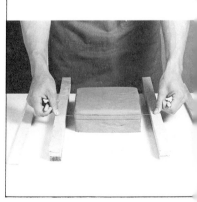

4 擀土

5 從中間分別向前後兩端擀土

回完成圖

4 摔下土板

5 再一次的拿起土板

6 反覆摔土的動作

3 切土

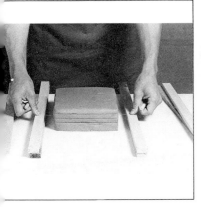

4 取下切好的土片

回完成圖

筒形器的製作

① 將報紙滾裹住塑膠筒

⑤ 土板起首處，由內往外切割出45°的斜面

⑥ 土板貼著塑膠筒捲合，取出正確長度

⑦ 土板結尾處，由外往內
切割出45°的斜面並塗上泥漿

⑪ 黏合

⑫ 切出底部

⑬ 取去餘土

(二)成形的方法

　　利用陶板製作觀賞、或實用兼裝飾的器皿，方法簡單；或摺邊、或拼接……種類繁多，下面將介紹數種基本的成形法，若是將這些手法演練熟悉，再加上個人的豐富想像力，相信能做出更多的變化。

1. 筒形器的製作

①將報紙包在塑膠直筒圓瓶（或玻璃瓶）之外，瓶子的大小視個人所欲做的筒形陶器而定，報紙的作用則是避免陶板黏住塑膠瓶。

②以泥漿黏合報紙接縫處　　　　③在土板上切出所需的形狀　　　　④取去餘土

⑧黏合兩端　　⑨用叉子刮搔底部和與底部接合處的圓周部份　　⑩沾泥漿

⑭抽掉塑膠筒　　　　⑮拉出報紙　　　　回完成圖

②用泥漿把報紙的一端固定，以免彈開。

③在粹好的土板上，用三角板量出所需的
　尺寸，並使四角均呈直角狀。

④用針或刀片依所需形狀切割土板。

⑤將土板提起，使其與塑膠瓶對齊等高。

⑥土板貼著塑膠瓶捲合。

⑦在繞著塑膠瓶的兩側邊塗上泥漿。

⑧用拇指的壓力接合兩邊。

⑨做底。

⑩切除底部的多餘部份。

⑪先抽出塑膠瓶。

⑫再抽掉報紙。

方形器的製作

①先做好五塊土板

②需要接合的邊緣，先切出45°斜邊

⑥用筆沾泥漿，塗於內部接合線處

⑦補上泥條，使其更加牢固

⑧完成圖

2. 方形器的製作

①使用切片法，做好五塊較預想面積大些的
　土板。

②等土板半乾後，依所需尺寸切割出所需的
　面積。

③除底部土板外，其餘四塊土板的兩側相接
　處，以割線切成45°角的斜邊。

④用叉子，在這些要接合的斜邊上，刮上粗
　糙的凹痕。

⑤以牙刷沾泥漿，塗抹於凹痕之上。

⑥先接合底部及兩個面。

⑦在相接的地方，用筆沾水或泥漿，把它潤
　濕後，補上泥條，使其更加牢固；且可避
　免燒後的開裂。

⑧同樣的方法將其它兩旁再接上去，就是一
　個方形盒子了。

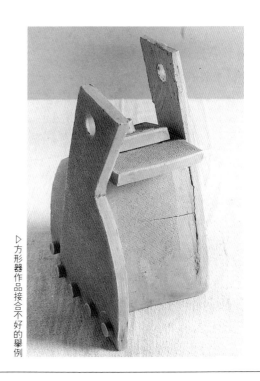

▷方形器作品接合不好的舉例

③在接合的部位用叉子刮痕

④沾泥漿

⑤壓合

方盤的製作

①切出所需面積的土板

②以木片折邊

③折好邊處,下墊泥條,以防塌陷

④依序折好四邊

回完成圖

3.方盤的製作

①先依心中所需的方盤大小的底面積,做好一塊稍大的土板。

②切出所要的正方形。

③在木盤上,以泥條圍成方形,尺寸要與土板相同。

④泥條的上面覆上報紙條。

⑤再把方形土板放在報紙上,四邊和泥條對齊。

⑥用手輕輕地壓下土板中間的部份,使它下陷,並貼到桌面。

⑦用海綿修整四邊,即可完成。

葉形盤的製作

1 將高麗菜葉葉置於已處理好的土板上

2 用擀棍在葉片上滾壓

6 撕下葉片

7 將葉形土板的邊緣加以自然的摺曲

8 再將邊緣修整平滑，即告完工

4. 葉形盤的製作

①選取葉脈紋理較深的植物，如包心菜、白菜……等，取其葉片置於已處理好的稍大土板上。

②用擀泥棍在葉面上輕輕的滾壓，讓葉脈壓痕印於土板之上。

③用針或刀片沿著葉子的邊緣切割。

④除去輪廓線外的多餘部份。

⑤用雙手提起葉形土板的邊緣。

⑥稍加整理，便成一實用的葉形盤子。

5. 自由形容器的製作

①使用擀好的或是摔成的土板。

②把土板置於薄塑膠布之上。

③雙手提著薄塑膠布的兩端，將土板置於任意容器之內，如盆、盤、缽……均可。

④用手輕壓土板底部，使其貼近容器底。

⑤整理土板邊緣的曲線，使它產生柔和流暢的感覺。

⑥等土板乾硬後，提著薄塑膠布的兩端，將土板自容器中取出。

⑦撕去薄塑膠布，即是完成的作品。

6. 應用

土板成形，在陶藝的各種成形法中可算是較為容易，變化度也較大的一種。只要能掌握住土板的特性、平面切割與立體組合的技巧，不論是抽象的陶雕或實用性的器皿，均可隨心所欲地做出各具特色的作品；而這之間的運用之妙，則全存乎作陶者的巧手慧心了。

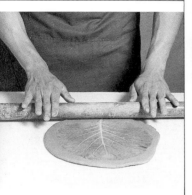

3 擀至葉片微微嵌入土板　　　4 沿著葉緣切出葉形土板　　　5 取去餘土

自由形容器的製作

1 將處理好的土板，置於塑膠膜上　　2 土板連同塑膠膜置於容器內　　3 依預想圖案，將土板邊緣摺曲

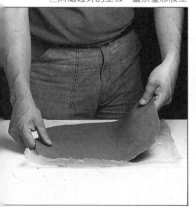

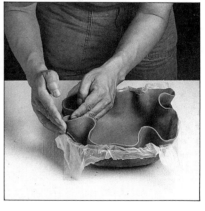

4 稍微壓整底部及口緣　　　5 稍硬後提出土板及塑膠膜　　　□ 完成圖

□土板成形作品欣賞

●用土板製作的飾品

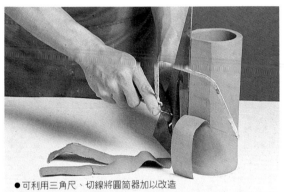

●可利用三角尺、切線將圓筒器加以改造

●各式葉形盤

●由圓筒器變成的多面體器物

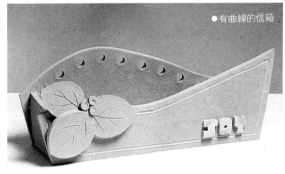

●有曲線的信箱

●製作中的壁鐘

●蓮花形容器

△自由造形的盤子

▽運用簡單的土版成形，即可做出此組長方碟

▽在邊緣體加以變化的碟子

▽切割並折疊四角的長形碟

▽強調線性組合的三角形容器

△兼具裝飾與實用功能的壁鐘

▽利用土的摺曲趣味所做出的花器

▽運用土片的切割效果所做的花器

▽幾何造形的花器

▽切割並疊合土片的壁飾

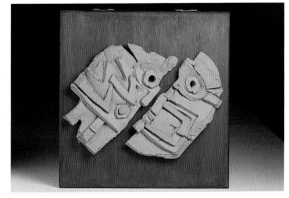

△筒狀花器

△壁飾

△燈座兼立鐘

▽六面體花瓶

▽雙頸瓶

▽方形容器

△土板成形後再運用點、
　線趣味所做出的壁上花器

△強調塊面和線條的花器

△可利用土片的凹凸來消除土板的單調感

▽運用土片扭曲效果所做的容器

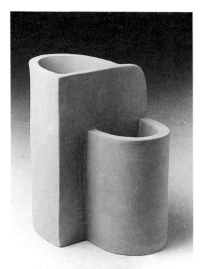
△利用弧面與塊面結合的花器

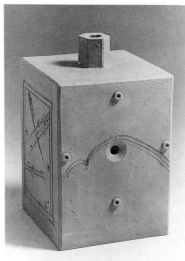
△在平面上製造線條趣味的燈座
及鐘的雙功能陶器。

△運用弧線式動感，所做出的花器

四、拉坯成形法

從許多出土的陶器，可以看出在仰韶文化的晚期，已有轆轤的出現，可惜缺乏實物，對於當時的慢輪所採用的材料、和結構形態，均不得而知。

經過歷代陶工長期的研究改進，發展至今，轆轤已有了各種的改良形式，從腳踢拉坯機到電動轆轤，作陶者可以選擇最適合自己的機種來使用。而拉坯即是在轉動的轆轤上製做器物的一種方法，作陶者將泥塊按置轉盤上，取定圓心、走泥、開洞，然後運用雙手的指側、指腹之合力，依螺旋形的運動軌跡，兩手肘臂逐漸提昇，拉成圓筒形的初坯，再予以變化。

初學者，乍見拉坯成形時，常會覺得非常的奇妙，事實上，這項技術也必須累積長期的經驗，才能達到純熟的境界；但只要初學者能有耐心、按部就班地練習，在短期內，還是可以練熟基本功夫的。

(一)拉坯時需注意的事項

(a)初學者適合使用較軟的黏土。

(b)拉坯用的黏土，必須經過充分的揉練，以免因為泥土的濕度不均，或是含有氣泡，而導致坯體不正的現象。

(c)拉坯時的姿勢，必須坐正坐穩，並保持自然，才能維持長時間的工作，而不致疲勞。

(d)手臂盡量自然靠近胸側，手肘靠著大腿，以求重心穩定，如此才能控制住搖晃的泥土。

(e)拉坯時，尤其是在「定中心」的時候，手和土之間必須保持潤滑，而水和泥漿就是潤滑劑，有些人認為初學的人應該把水加得越多越好，結果把轆轤弄得很髒，不但影響工作的情緒，而且在事後又要花很多時間去整理，既費時又費力；其實應當在開始學習的時候，就養成好習慣，把水加得恰到好處，才不致有多餘的泥水流到轉盤，而被噴灑在轆轤的四周。

(f)要隨時注意清除沾在手上的泥漿，因為時間久了，泥漿會變乾變硬，使手部產生僵硬、不舒適的感覺。清理的方法，是用右手的虎口握住左手手腕，往前滑推至左手指尖，再折返至拇指處往前推至指尖；如此，左手的泥漿便都聚於右手虎口四周；

▷拉坯時，不可用水太多，以免泥漿四濺

◁用水太少阻力大，應適當才能保持轆轤乾淨

| ①擠去附在手部的泥漿時，可從手腕開始 | ②推向指尖後順便轉向虎口，再擠向拇指 | ③擠掉泥漿 |

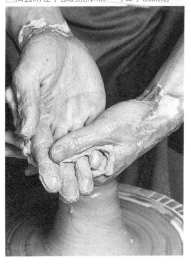

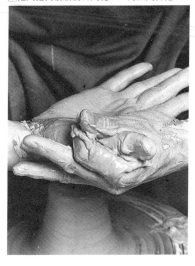

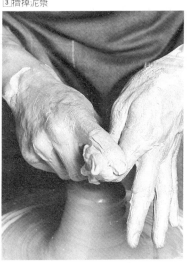

此時，用左手食指輕輕抹去該處之泥漿即可。同理，亦可清除沾附在右手上的泥漿。

(g)轆轤的轉速，應隨坯體大小來調整。做小坯時，轉速可以快些；但拉大坯時，轉速要慢，若是太快，會因離心力的關係，而將坯體甩離中心。若以「感覺」來說，在高轉速中做出的東西，效果比較剛硬；轉速慢，做出東西的效果較趨柔和。

⑧手指在拉坯時的移動速度，應與轆轤的轉速相配合。若是留在坯體上的指痕過粗時，便是手的移動過快，反之，則是手移動的速度過慢。

(二)成形的方法

1. 定中心

定中心的意義，在於當轉盤旋轉時，要使土塊穩穩的黏在轉盤的中心，而不致產生前後（左右）搖晃的情形。這是拉坯的第一個步驟，對初學者來說，並不簡單，最好能反覆的練習這個動作三小時以上，才比較容易體會出其中的訣竅。

◎定中心的練習

①將練好的黏土放在轉盤的中心。

定中心練習

① 將練好的土置於轉盤中心

② 雙手拍土，使成錐狀，並使土附著於轉盤上

③ 沾濕土表

④ 雙手推土，從底部向中心施壓

⑤ 土塊受壓而昇高

⑥ 土塊呈高柱狀

⑦ 下壓

⑧ 如此反覆上昇、下壓動作四、五次，使土塊的組織均勻

②用雙手拍打土塊，使它成為單純的圓錐狀
　。然後，打開電源，啓動轉盤，呈逆時針
　方向旋轉，轉速大約是每分鐘60轉。

③用手指沾水，將土塊表面浸成適當的濕度。

④雙手手肘固定在大腿上。

⑤用雙手手掌抱住泥土下部，並向中心加壓。

⑥黏土受到壓力就會緩緩昇高，此時，雙手
　再配合著往上移動，最後，黏土從錐狀體
　成為柱狀體。用左手將黏土往下壓，右手
　在側面控制泥土，使黏土不致搖晃。

⑦由於下壓，柱狀土又囘復成錐形土。

⑧每次拉坏前，需反覆這個動作約四、五次。

□定中心時常見的問題

△施力錯誤，導致上端呈火山口狀

▽下壓施力不正確，黏土頂部出現菇狀·

△土未全部往上擠，形成塔狀，
　不容易將土練均勻

▽土太硬，費力氣，又不易練勻

△水太少或抱得太緊時，易於腰折

▽身體的重心不穩，
　也會造成土塊的重心不穩

◎定中心時，常發生的情況

　(a)黏土的潤滑度不夠；或是雙手抱著黏土下
　　部時出力太多，使黏土的上部未能隨著下
　　部的黏土轉動，而形成黏土腰折為二的情
　　形。

　(b)應避免黏土頂部出現火山口、或是菇類的
　　形狀。

2. 直筒形的製作

　①將土塊置於轉盤之上，然後定好中心。

　②雙手扶於柱狀土塊的上端，雙手拇指從頂
　　部中心點往下壓，形成凹洞，並深至底部
　　，使坯底保持一公分左右的厚度。

　③用拇指從底部中心點往外拓開，並整平底
　　部。

　④拉高時左手在內，右手在外，左手以中指

直筒形的製作

①置土並沾濕土表

②定中心

③開洞

④處理底部

⑤拉高

⑥逐步帶土拉高

⑦當潤滑不夠時，應酌量加水

⑧正在提土拉高時的情形

向下與右手相對；右手則掌面朝上以拇指
與左手中指相對。手勢擺定後，輕輕的向
上移動，切勿忽快忽慢，並保持一定的厚
度，如此反覆數次以求均勻。

⑤在將坯體拉高時，應注意坯土自底至頂的
整體帶動，務必使口緣部呈平整均勻狀，

以免因為太薄，而難以控制。

⑥將直筒形的坯拉好後，先用木刀切除底部
的多餘黏土，再用細尼龍線將坯體從底部
土塊上切離。此時，擦乾雙手，將坯體抱
離輪轤。

⑦等坯體半乾後，即可進行整修底部的修坯

⑨以木刀切去底部邊緣的廢土

△處理好底部將要拉高前的手勢剖面圖

△提高時的剖面圖

⑩從底部切離

△拉高時的剖面圖

△直筒的剖面圖

⑪以乾的雙手，抱起坯體

△各種變化的筒形器

工作。一般直筒形的坯體，多半是採倒置法，將口緣的中心對準底盤的正中後，用土條壓穩底部，再行修整。底部的款式甚多，可依坯體的形狀、和個人的喜好，加以選擇修底。

直筒形是各種拉坯成形法中，最簡單也是最基本的手法；習陶者在製作各式長頸瓶、海碗、大盤……等形體時，均需先將直筒形的表現技法演練純熟，才能收到隨心所欲地成形的快樂。

圓球形的製作

□1 先拉好一個直筒

□2 由底部逐漸往上往外擴大

□3 擴充主腹部後，再逐漸縮口

□4 用木刀切去底部邊緣的廢土

□5 拿起餘土

□6 用海綿修整口緣

3.圓球形的製作：

　　圓球形的坯體，由於它的弧度飽滿，造形柔和，頗受一般作陶者的喜愛，但它的成形手法較為困難，需要經常、反覆的練習，現將其成形過程略述於後。

①先在拉坯機上，做好一直筒形的坯體。

②再以同樣的拉坯手勢，左手在內，由底部稍微用力外推，右手在外與左手相對處，扶著由內向外擴張的坯體，與左手之力相呼應。

③重複②的動作數次，直至心中所要的圓周出現。

④自圓周的弧度以上，左、右手使力的反向轉換，形成右手在外，施力內壓，左手在內，與右手相呼應，以承受逐漸收口內斂的土坯，進行縮口的工作。

⑤重複④的動作數次，直到心中所需的口徑出現為止。

修坯的過程

1 選好適合口徑修坯槽後，固定於
轉盤上，再將待修的坯體倒置其上

△各種形狀的修坯槽
▷各式的球形器

◎ 球形器成形時的應注意事項：

(a)當進行往外推坯，或往內收坯時，均需不
時地檢查所做的弧度與坯體本身的結構是
否得當，以免因基礎不穩或弧度差距太大
，而造成坯體的垮落或歪倒。

(b)口緣部分是坯體的靈魂，若太薄則無法將
球形框住而導致歪斜；若太厚則易塌陷。
縮小口部時，所使用的水份不要太多，以
免使坯體破裂或軟化；用力太大則易扭曲

，接觸點太大又易變形，這都是要注意的
地方。初習者因製作成形不易，宜先練習
甕形為佳。

(c)修坯時，因其坯形不易固定，小口又不易
倒置，故需借用修坯槽，倒放後對正中心
，始可修坯。

(d)球形器的造形種類和變化較少，大多僅是
在口緣和坯體的弧度差異上做變化。但要
求正圓形則是較困難的做法，太扁也是較
難成形。

② 開動轉盤，
　以修坯刀修去過厚的坯土

③ 在底部適量口徑處修出底座

④ 修好的坯體

4. 長頸瓶的製作：

　　會做球形器後，再來做長頸瓶就不是太困難的事了，但長頸瓶的形體美感，完全取決於瓶頸、瓶腹的比例關係，在製作過程中宜加仔細觀察。

　①在拉坯機上，先做好一長筒形坯體。

　②將坯體的下半部，運用球形器的成形手法，做出心中想要的弧度，當成瓶腹。

　③在瓶腹的逐漸縮口的過程中，即已準備了頸部的製作。

　④在做頸部的位置，將土控制均勻，而後，以製作直筒形的手法，逐漸將頸部拉長並縮小。

　⑤當頸部收縮至手無法全部進入時，取一支細圓棍在內，外部用右手扶上，完成瓶頸的製作。

　⑥長瓶頸的修坯，略同於圓球形，但需要較高的修坯槽。

長頸瓶的製作

① 先做好一長筒形坯體

② 做出瓶腹後收口

③ 壓整口緣

4 將頸部提高並拉薄

5 收縮頸部使其變高

6 用線自底部切離基土

7 用雙手將作品拿離基座土塊

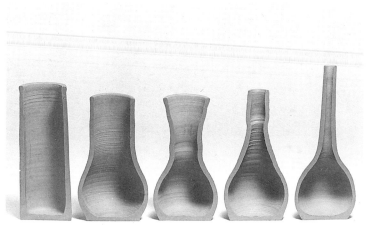

△製作長頸瓶時,各步驟的剖面圖

▽各式錐形瓶

▽不同頸部高度的瓶子

5. 盤和碗的製作：

　　盤和碗的器形，因底面積較寬，當製作完成、搬離轉盤時，較易發生變形；因此，在拉坯前，最好能先做好底板，以利搬動。由於大盤、大碗、皿、缽……等的做法大致相同，僅是在成形時，製作弧度上，有所改變，故其製作過程不再贅述，將利用配圖，供作讀者參考。以下所敘，純為盤形器的製作過程。

　①底板的作法，是先搓好一長泥條，在轆轤的轉盤上盤繞，並稍稍施力，使土條固定在轉盤上。至適當位置後，用線切割多餘的土條，求其水平；隨後在土條上，覆以圓形木板即可。

　②開始製作器形時，先在木板上，抹少許的水份，再將土塊放置在木盤的中心，加以定位。

　③依所需要盤底的大小將土塊拍打成扁形，再將其推正於中心。

　④開口後注意控制口緣的穩定並整理底部平整。

　⑤漸漸將邊緣向外推開，至理想的程度為止。大體而言盤的高度與開口的斜角均有其極限，超過要求時就會塌落。

　　修坯時可用覆蓋的方式，以泥條固定後再行整修。其他如大盤、大碗、皿、缽等器形在製作方式上略相同，惟技術上較複雜故不多述。

盤形器的製作

① 沿著轉盤邊緣盤繞泥條

② 下壓泥圈使其與轉盤接合的更牢固

③ 切去部份，使表面水平

4 泥圈上疊圓木盤

5 土塊置於木盤之上

6 啟動轆轤，定中心

8 拉高

9 拉成圓筒狀

10 將筒狀土坯往外擴大，
並除去底部多餘的土

盤底的修坯

1 將盤倒置轉盤上，定中心後用泥條固定邊緣

2 由中心向外，先修平底部

7 開底

▽各式盤形器

11 修整底部後再擴大

12 將盤子切離木盤

13 連木盤端離，盤子才不易變形

3 修去底座以外過厚的土

4 修平底部並留出脚

5 修整好的盤子

杯的切離法

1將轆轤的轉速放慢，
用錐針順著轉勢沿底部切劃

2錐針托住底部，用食指和拇指將杯子扶離基土

3也可用切割線將杯子切離基土

6.杯子的製作：

　　習陶者在製作杯子時，練習的重點，應放在切割法、土的定量和土坯厚薄的控制上。等杯子的製作方法熟練後，就可以將這種手法應用在許多其它的東西，如：小盤、小瓶、碗、罐……等器形上。杯子的製作，大約可分成下列數項步驟。

　①在轆轤的轉盤上，將土塊推正並推高成適當直徑的圓柱形。

　②在圓柱形的土塊上，酌取定量（依心中所要杯子的大小）的土塊，用拇指自中心開洞。此時，務必扶穩土塊，以免搖晃。

　③開洞後，運用拇指的推動，將杯底整理平順。

　④將杯側逐漸的拉高拉薄，成為心目中所想像的形狀。

　⑤運用右手食指與中指間的V形指間，夾住杯的口緣，可將口部修整的非常平滑。也可以利用一小塊的皮革，彎成∩形，跨於杯口，便能得到同樣的修整效果。

　⑥當進行切割時，可用左手的拇指和食指扶著坯體底部，右手持切割長針，平穩的插入底部圓心處，待坯體旋轉一圈後，即可由左手取下杯子。

　　也可以在坯體轉動時，運用切割線，自坯體的後部往前拉，此時，右手應迅速的扶住坯體底部，便即可切下杯子。

　　但這兩種方法，均需多加練習，才不會發生坯體掉落，變形或歪斜的情形。

　⑦杯的修坯，只要倒置後，對準中心、用數個小土團固定即可。底部的修整，則需視杯形的變化再加以配合。

　⑧杯的把手，也是視杯形與用途，再決定是否需要添加。

▷(左)在製作杯子時，往外的手力若大於往內的力量，即可製作成盤子

▷(右)小罐也可視爲製作杯子時的變化作品

杯的修坯

1 用泥條將杯的口緣固定在轉盤後，開始修底

▽杯的口緣、杯體、底部需有整體感，由這些剖面圖中不難看出其間的關係

2 修底時先取出底座範圍

3 修整杯體

4 用海綿修拭底座，使其光滑

各種罐蓋的形狀

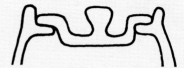

(三)拉坯的應用

1. 罐的製作：

　　罐形器在農業社會中，是相當重要的器具；即使在今日的工業社會中，罐仍然是不可或缺的醃製器。它的製作重點在於罐身與蓋的比例和配合上，它的製作程序如下：

①在轉盤上，以球形器的作法，拉出罐身的坯體，但在口緣的部份，要預留一些製作口部的泥土。

②罐的口緣部分，也可以運用工具來製作，罐身做好後，即可切割、搬離至通風處。

③運用另一塊土，以做杯子的手法，來製作蓋子；而蓋子有正做和反做的蓋子兩種，可參見配圖，須視其用途和形狀，再加以選擇。

2. 茶壺的製作：

　　要製作一個茶壺，必須先做好許多相關的配件；而彼此間的搭配，又要相襯合宜。往往每次的製作，都會有不同的心得，是件相當具有挑戰性的嚐試。

①先用拉坯的方法，分別做出壺身、壺蓋和壺嘴。

②在壺身和壺蓋修坯好了後（要特別注意保持兩者的密合度），再將壺嘴依壺形比例加以切割、比對（出水口應與壺身齊），並在壺身做上記號。

③將壺的濾網（出水處），用針錐穿洞，洞的總面積最好大於壺嘴。

④或是切除壺身做過記號之處，補上濾網，然後黏合壺嘴與提把。

　　茶壺雖只是種簡單的飲器，但它的造形自古至今變化萬千，且是歷來文人雅士所喜愛吟詠的器形；並可滿足每位製壺者的喜好，是項值得多加練習、品味的器形。

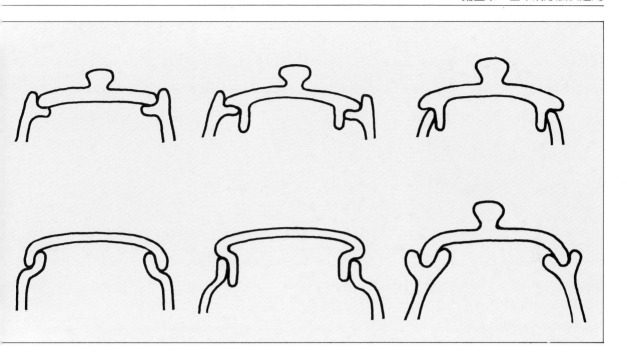

茶壺的製作（拉坯階段）

1 先拉好一適當高度的直筒土坯

2 做成口徑較大的罐子，口緣部份須厚些

3 運用木片和手指做出一層內沿

4 量好內沿口徑

5 以同樣直徑做出壺蓋

③將做好的壺身、壺嘴、壺蓋移至通風處

⑥製作出瓶狀但稍開口的壺嘴

④依先前量好的過濾孔，用銅管鑽洞

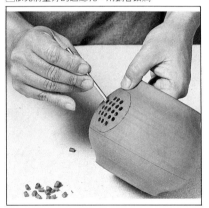

⑤將壺腹與壺嘴接合處刮出凹痕，
壺嘴則置於海綿上，保持濕潤

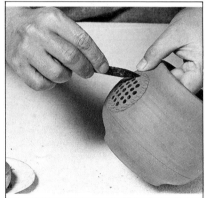

⑥刷上泥漿

茶壺的製作（接合階段）

1 將半乾的壺嘴，依壺腹弧度切去多餘的部份

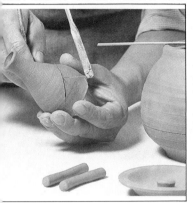

2 壺的口緣部置一長筷，
以測量壺嘴與壺身的適當位置口

3 在壺腹上量好與壺嘴接合處和過濾孔的位置

7 黏合壺嘴與壺腹

8 黏接提耳

9 用銅管在壺蓋上鑽出進氣孔

盛水壺的製作

1 先做好盛水壺的壺身，再利用食指與拇指本身的弧度，將粗泥條拉成扁平狀

2 切出所需長度的把手

3 在壺背的適當位置刷上泥漿

4 把手的兩端也刷上泥漿

5 接合壺柄與壺身時，在相對應的內部，需用手指抵護

□完成圖

□此種上柄的方式，也可用於杯子

3. 盛水壺的製作：

　　這種製作手法，應注意手把的配合；而手把的製作，亦可運用至甕的耳、茶壺的提把或握柄、茶杯柄等處。

　　①先以拉坯手法，做出壺身。

　　②用手指推捏出壺的出水處。

　　③選一寬度適中的長泥條，用手沾水後，從上往下滑拉，使線條順暢。

　　④截下坯體所需的把手長度，比量適當位置後，加以黏合。黏合時，應特別注意到坯體與手把的濕度是否相同，以免因濕度的差距，而無法密合，形成素燒後，把手脫落的現象。

□茶壺作品欣賞

(四)拉坯的變形

　　利用手拉坯成形後，再加以拍、打、撕、拉等手法，使其變形或加以組合，可以做出許多不同的器形，端賴習陶者自行發揮創作，今僅舉數例，加以說明。並請仔細參考配圖，以利自己的創作構思。

A.成形後將口緣部份彎曲或做成多角形的變化。

B.成形後將坯體壓扁或倒放並予裝飾。

C.成形後將數件坯體組合成形。

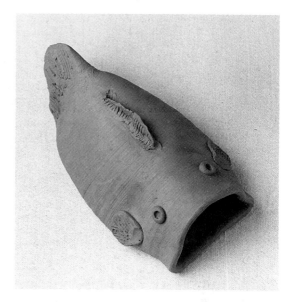

▷此件魚形作品，即是利用拉出的直筒再加以壓扁、黏貼所形成的

▽將口緣或邊緣處加以變化，或是將圓形坯體壓成別種的幾何形……都是常見的拉坯後變形手法

▷運用拍打和壓凹槽的手法，所處理出的瓜稜壺，兼具古典與現代的情趣

▽本是圓筒形坯體，在坯身和坯底加以切割後所形成的幾何形體，大異於原有的趣味

▽將拉坯做成的盤子，配合古典葵花式盤緣加以變形後所做成的掛鐘，頗具現代感

◁在拉好的瓶體上，貼飾泥條和雙耳，以打破單一形體的單調感

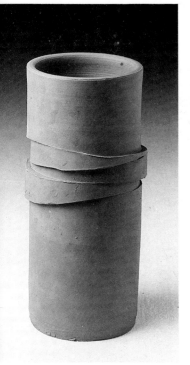

△將直筒體加以切割後再行黏
　合，是一種在統一中尋求變化的
　手法

△本是圓形口緣，經壓成方形後，
　便轉換成另一種趣味

△彷彿隨意的捏塑，但位置的適宜
　與否，却足以表現作陶者的美感

▽口緣的變化，需注意與下部的整
　體配合，方不致過於突兀

▽凹凸之間的變化，是變形上最習
　用的手法

▽曲線式的流動感，可豐富普通圓
　形口緣的層次感

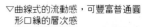

△秦　將軍俑　陝西省秦皇陵出土
　（右圖爲其局部）
◁秦　馬俑　秦皇陵１號俑坑出土
▽秦　男子俑　秦皇陵園附近出土

五、其它成形法

由於黏土本身除了有良好的可塑性之外，尚具有可以延展的特性；因此，它的成形法，也就隨著製陶者的巧思，而變化多端了。前面所敍述的手捏、泥條盤築、土板、拉坏成形法，固然是陶瓷器成形法中犖犖大者，但還有許多實用且富變化的手法，可供習陶者運用。

(一)雕塑成形法

我國的陶塑藝術起源甚早，可追溯至新石器時代，在夏、商、周和春秋各時代，也都有一些陶塑作品的出土物；其中多數是各種動物的形象，也有不少的雕塑人像。

戰國時代的末期，是陶塑藝術的發展期，而高峯期則是在秦始皇陵所發現的兵馬俑，這些與真人大小相似的武士俑、兵卒俑，和形態逼真的陶馬俑，無論形象之生動，氣勢之雄偉，都可稱得上是世界性的陶塑瑰寶。

陶塑的成形法，可說是一種綜合製作，手捏、泥條、拉坏……等等各種方法，其間的搭配與運用，可依作陶者所需要的形體來決定。有時，也可以採用非常自由的隨意捏塑法，增添許多做陶的樂趣；但遇到較寫實或較特別的創作時，便需要一些雕塑的專業訓練，才能配合完成。一般的習陶者在練習時，大約可從下列數種基本方法著手。

1. 泥條成形：

將所要塑製的作品形狀，先以泥土或其它材料做一類似的雛形，然後再用泥條依其形狀，慢慢地堆築而上，完形後再加以修飾。

2. 挖空成形：

在整塊的土上，直接加以雕塑成形，然後將作品放置一旁，俟其半乾不致變形時再將作品切開，挖掉內部多餘的泥土，將各部位的內壁與外壁間，處理成同樣的厚度，再加以黏合、修整，即可完工。

3. 拉坏組合成形：

依作陶者心中的所要的形體，先運用轆轤，做出屬於各部位的圓筒、圓球……等形狀，再配合個人心中的創作意念，加以變形，切割後，加以組合成形。

4. 土板構築成形：

運用薄的土板，加以彎曲、堆疊……，而構築出心中所想要的形體。但在運用此法時，對於片片土板間的黏合，需要特別小心才不會裂開。

(二)壓模法

在陶瓷器的製作過程中，若是碰到較複雜的形狀、或是耗時較多的雕塑性物件，而它們所需的數量又不止一件時，通常是可以考慮運用模具翻製。

當「石膏」這種材料還沒被發現之前，陶工所使用的模子不外是土模、陶模或木模；由於木模在製作上較為困難，不但需要相當的技術而且費時，所以很少被採用，因而在此，不作介紹。

通常在製作土模或石膏模之前，都必須先行塑造原型，此時，應特別考慮到脫模的問題；也就是說何種材料不能有死角（即：原型面對模子的部份應小於90°），以免造成模子與原型無法脫離的情形。

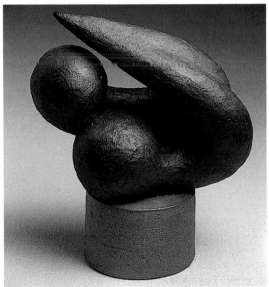

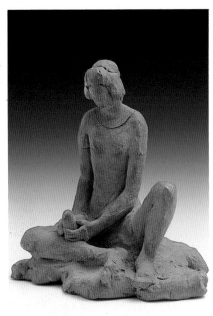

● 易脱模的形狀   ● 難脱模的形狀

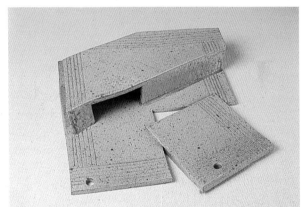

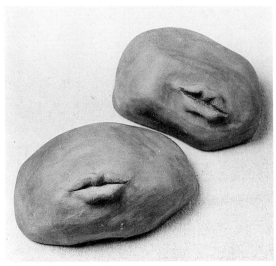

△土模的製作

1. 土模

在應急或買不到石膏的情況下，可以使用黏土來製模，它是利用「濕土無法黏在乾土之上」的原理；先將乾的原型以黏土翻印成母模，再以乾燥的母模用黏土印出成品。土模除了簡便之外，只能做小件物品或粗糙物件的模具，它的缺點主要是：壽命短，易損壞，又不能連續使用。

2. 陶模

將土模置於窯中素燒至 800°C - 900°C，就成為陶模。素燒後的陶模，非但保有吸水性的優點，還可以將土模的缺點消除。若是將製陶模的溫度燒至更高，使其瓷化後，所製作的陶模雖然堅硬耐用，但脫模不易；因此使用前可塗些油料在模子上，或利用離型劑解決這個難題。

▽各式陶模

88

石膏模的製作（翻模）

1 先準備好熟石膏粉、水、土模

2 調和石膏漿

3 攪拌、搖動石膏漿，使內部的氣泡逸出

4 將石膏漿倒入土模中

5 石膏漿的高度應略低於土牆

3. 石膏模

市面上所見的商業陶瓷器，大部份是利用石膏模注漿所製造而成；但這裏我們所提的石膏模成形法，仍偏重於壓模成形的方式，較適合一般習陶者來運用、練習。石膏模的原料是將從地下開採出的生石膏（硫酸鈣，$CaSO_4$）研磨成粉後，加熱至150℃，使其失去水份而成為熟石膏。當我們要製做石膏模時，可依下列數項步驟來進行。

①用黏土做出器物的原型，將其置木板上（塑膠薄片最佳）。

②在原型四週，以薄土片築成土牆。

③將白色粉末狀的熟石膏加入水中，直到與水面平（呈飽和狀態），再加以攪拌、搖動，使氣泡浮出。

④將③石膏漿灌入②，等石膏硬化後，即成可用的石膏模。

運用石膏模成形的陶藝作品，有浮雕式、立體式兩種，讀者可仔細的參閱配圖，區別其間的差異處。現將運用石膏模壓坯成形時，所需注意的事項，敍述如下。

①做好石膏模時，需等其乾燥或烘烤後，再加以使用。

②壓坯所用的濕泥片，需厚度均勻。

③將濕泥片置於模型上後，先輕輕用手將各處整理後，再用軟布，或乾海棉在各處輕輕的壓擦，使泥片與模型密切接合，而無空隙。此時，切忌用手大力的壓擦泥片。

在一般的壓模成形法中，石膏模具是具備優點最多的一種，且是其他材料的模具所無法取代者。因此，石膏模具在陶瓷工業中，被廣泛地使用，讀者宜多加練習。

石膏模的製作（壓模）

1 將揉好的土球壓在石膏模上

2 用力下壓，使其與模具盡可能的貼合

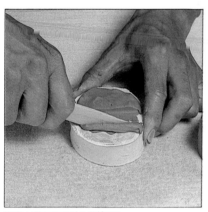
3 從中間向前後刮去多餘的土

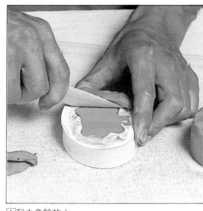
4 刮去多餘的土

5 用另一土球沾附壓好的土塊上

6 用力拉出嵌在石膏模內的作品

7 完成圖

1 以等厚的泥片壓於馬身的模具內，
　成爲中空形狀

石膏模法示範（馬的製作）

2 製作馬頭時，也是先將土塊貼模壓印

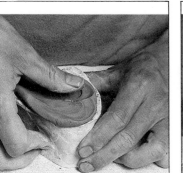

3 在與另半片接合處，先依輪廓上圈泥條

4 併合

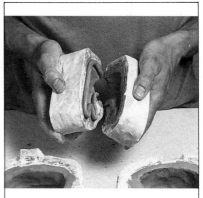

5 拆模

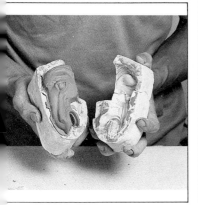

6 沾泥漿

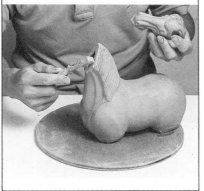

7 接合

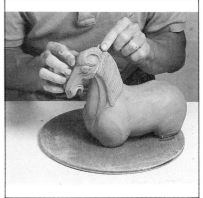

印紋陶珠的製作

1 截土 2 搓成橢圓形

印紋鍊墜的製作

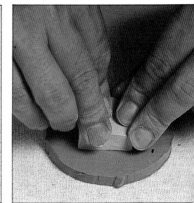

1 選好適當陶模 2 壓模

(三)飾品成形法

　　由於人類的愛美天性，裝飾物的歷史幾乎可說是與人類的歷史同長，自古以來，世界上的各民族都不斷的以石、骨、貝、陶、木、金屬……等素材，製作出美麗的飾物，來美化自己。而工業革命之後，科技的突飛猛進，新素材的不斷發現（塑膠……等），使得機器可以大量的製造出胸墜、耳環、髮飾、手環、別針、戒子……等各式各樣的飾品。這些飾品雖然大都精美，但也普遍的缺乏特殊韻味，沒有特色。若是我們在作陶時，運用一些黏土、再加上自己的巧思，便可以得心應手的做出一些具有獨特風格、感情、和美感的飾品。以下僅舉二例，以供參考。

1.印紋陶珠的製作

　①取一塊適量的黏土，把它揉成條狀。

　②用手或小刀將泥條依自己所需要的大小，分成數等分。

　③將小泥塊搓成球形。

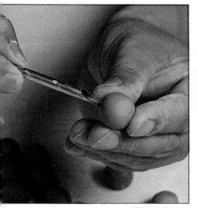

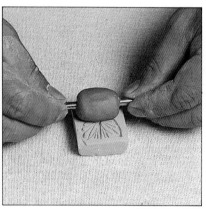

③用銅管鑽孔

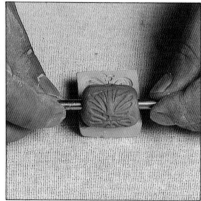

④在陶模上滾壓

⑤完成圖

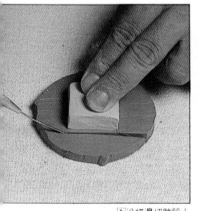

③沿模邊切離餘土

④取去模具

⑤在適當位置穿洞

④取一支銅管做成的工具，一面轉動銅管，一面把銅管深進泥球，將小圓泥球的中間穿洞，但銅管仍插在泥球中。

⑤雙手的拇指與食指握著銅管兩端，稍加壓力，讓泥球在準備好的模子上滾繞一圈。

⑥輕輕的將銅管自泥球中抽出；此時，手指應避免壓到泥球的表面，以免花紋受損。

⑦做好的泥珠，待乾後，即可入窰素燒。

2.項鍊墜子的製作

①取一小塊泥土搓圓，再加以壓扁。

②用拇指在壓扁的土塊上以模具壓印成形。

③在適當的地方，加以打洞。

④入窰素燒後，將準備好的碎玻璃放置在凹洞中。

⑤再將④進窰燒成。

　　當然，還可以利用不同顏色的泥土，做成絞胎器式飾品，也是頗富裝飾趣味的做法。這種飾品的製作練習，尤其適合女性來運用、創作一些符合自己美感的作品，搭配服飾，不但脫俗，也具獨特性。

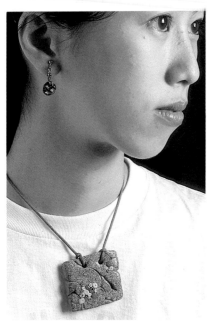

飾品上釉法

1 在素燒後的飾品上上釉，畫刮的情形

2 依預想圖案所需，來決定上釉的方式

3 飾品雖小，但沾釉、畫釉、
切劃等技法均可用上

□陶珠可用耐高溫金屬線架高再進窯

□盤泥條法可做出許多有趣的飾品形狀

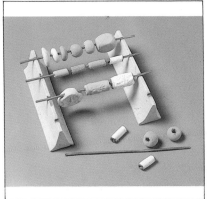

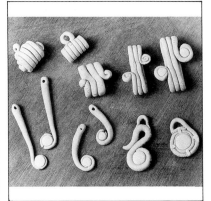

小動物的製作

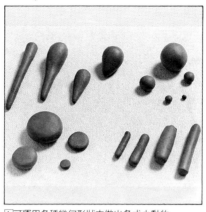
①可運用各種幾何形狀來做出各式小動物

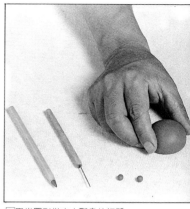
②用半圓形做出小瓢蟲的軀體

回完成圖

△各式小動物作品

(四)陶偶成形法

陶偶的製作，在世界各古文明的出土物中均有發現，其來源不一，有的是與宗教有關，也有些是純供玩賞，或反映社會現象者。但在我國，陶偶的製作與發展，與殉葬的習俗，有著密切的關係。

依據歷史學者的考據，我國在商與西周時代，原是以人殉葬，到了戰國，便改成了用木俑和陶俑來殉葬。而秦始皇陵所掘出的陶馬、陶人俑，與唐三彩陶器中各式各樣的動物與人物俑，非但是反映了當時的社會習俗，也是不朽的藝術品。

到了唐代以後，動物、人物俑的應用範圍愈來愈廣，也逐漸被人們接受成可供賞玩的玩偶了。時至今日，這種極富鄉土氣息的民間藝術，在不同製陶者的創意下，又被賦予了更豐富、活潑的面目了。現將其基本的成形法簡介如下：

1.小動物的製作

當我們心中浮現出要製作的小動物形象時，不妨先儘量記住屬於它們的特徵，例如：大象的鼻子，蛇的盤曲身軀……等，再去捕捉其它部位的適當比例，將其它瑣碎的部份加以單純化，反覆練習，必會得到滿意的結果。現以圓球、圓柱、圓錐、圓餅等的基本幾何形狀來做練習：

①取一小塊黏土，把它搓成圓球形。

②把搓好的土球，輕輕的擲在桌面上，使其自然的形成半球形，這便可以成為小瓢蟲的雛形了。

③用針狀的工具，在此半圓體上，界分出大

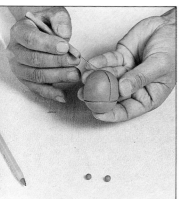

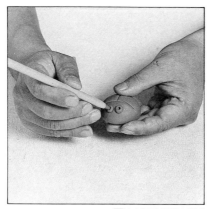

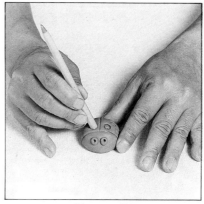

③刻劃出小瓢蟲的頭部與翅膀的線條

④按上眼睛並壓出眼珠

⑤用原子筆管壓出蟲翅上的圖案

△運用陶塑手法成形，可創作出較大的作品，且能容納更多作者的想像力

△民間傳説中的人物造形，往往是陶塑時很好的取材來源。

體的輪廓，顯出面部及雙翼。

④在瓢蟲的臉部，配上適當比例的眼睛。

⑤用筆管印出瓢蟲身上的圖案。

⑥將不美好的地方，再稍做修飾，使其更形精緻，即可等著進窰。

這種簡單的組合，可以做出許多小動物和小玩偶，非常適合初學者的練習，等組合的窰門掌握純熟後，不妨再利用前面所學過的一些成形技法，做出更具體、寫實的玩偶。

2.其他陶偶的做法

當一些玩偶的特徵，較爲繁複，無法運用單純的幾何形體來表現時，便需多配合各種自己已熟練的技巧，例如以兩個手捏的圓形小缽黏合所成的圓球形，加以拍打成任何形狀，再配上裝飾，或以土板的彎曲、扭折做成人身的骨架、衣紋等；或是由拉坯之後的切割、組合，來製作撲滿及玩偶等，這些變化萬狀的玩偶裝飾，便要依賴大家應用了。

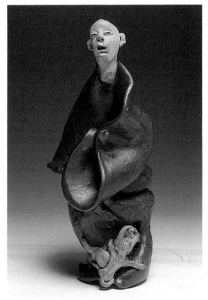

陶偶的製作

1 在中空的鐘罩形上，
以剪邊的細泥片做出裙襬

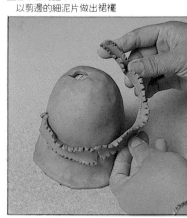

2 用泥片黏貼上裙腰及胸部

3 加裝頭部和雙手

□完成圖

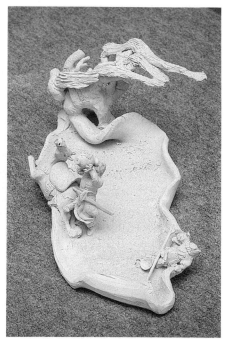

切割土塊式花器

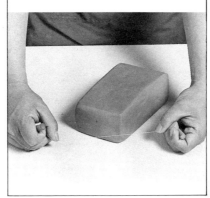
1 準備好土塊與切線

2 以隨興的方式進行韻律般的滑動

6 割劃出接合邊的輪廓

7 挖成中空形

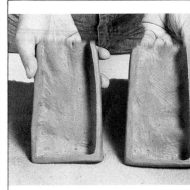
8 兩片均挖成中空

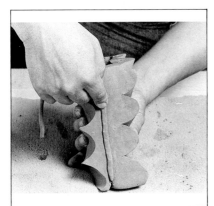
12 接合處輔以泥條，以增牢固

13 刮平接合線的內側

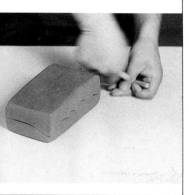

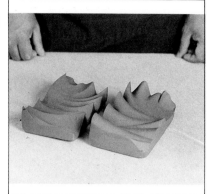

③切割至底部　　　　④分開兩片土　　　　⑤左右恰成互補形狀

⑨接合邊以叉子刮出粗糙凹痕　　　　⑩沾泥漿　　　　⑪接合

(五)綜合製作法

　　運用泥土成形的方法實在很多，並不限於上述的幾種，有的也可以同時運用好幾種方法共同處理一件作品；也有的形體並非以傳統的方式成形，例如：切割土塊式花器 是先將土塊捧打成方形，以一條線由上至下呈波浪式滑動，將土塊切割成兩半；切割時，要先練習數次才能控制得恰好。一般而言，線的兩端有一端不動是一法；或走線成圓形、扇形等方法都可嘗試。切完後，各自平放，等待半乾時再將內部較厚處挖空，並將兩片黏合，即成一別出心裁的花器了。

▽不同的律動效果便會產生不同波浪紋的作品

裝飾

《第三章》

第三章　裝飾

雖然許多美術史學者、美學家對於「藝術起源論」是各有主張，衆說紛紜，但是他們都不否認人類所自然擁有創造美感的能力。從陶器的發展上，我們也可以明晰的看出，先民是如何藉著一些簡單的動作，將他們對自然界或日常生活中美的，有趣的感受，轉換到實用的陶器上。

從新石器時代的各遺址出土物中，可以發現到陶器的紋飾，除了素面、磨光之外，還有繩紋、刻劃紋、印紋、箆點紋、貝齒紋、指甲紋和籃紋，也有個別的加飾紅、黑彩，或紅色陶衣，種類繁多，俱見巧思。而不同種類的紋飾應用，往往形成某種文化的特徵。

我國的陶瓷紋飾，從新石器時代以後，即不斷的更新、豐富。到了唐代，那些絢麗的三彩釉、活潑灑脫的花釉、變化巧妙的絞胎、和多彩多姿的釉下彩，不但呼應了唐代花鳥畫、紡織、和染色工藝上的成就，也形成了陶瓷裝飾上的高峯期。

宋代陶瓷的紋飾，無論是題材、或手法，都極其豐富，顯現出宋人獨特的美感、和創新的精神。元、明、清三代的陶匠，對陶瓷紋飾的更新，也都續有佳績。

到了現代，陶器的成形手法較之以往更爲活潑、大膽，許多以往被認爲是有瑕疵的缺陷，加上了陶藝家的創意，便都成了別出心裁的裝飾了。

關於利用釉彩，來裝飾器表，所形成的各種效果及手法，請讀者參閱下章中釉的說明，本章所討論的陶瓷紋飾，則是以在素燒前施於土坯上的處理手法爲主。

一、表面肌理的自然變化

由於各地土礦中所含的金屬氧化物各有不同，使得相異地區的黏土，具備了獨自的特色。若是作陶者能妥善的運用這些特質、或是各種黏土在各種乾、濕度下所產生的變化效果，必然可以做出許多具有自然性紋飾風格的作品。

(一)土本身的變化

A.黏土在受到擠、壓、拍打、撕裂……時，原本光滑的表面，便會順著受力的方向，產生粗細、長短不等的裂痕，這種因受壓而創造出的紋理，若是運用得當，便可以成爲很有特色的裝飾了。除了擠壓黏土之外，當我們凹折、或是堆拱土板時，也會產生意想不到的自然變化，可以善加運用。

B.若是作品的坏體，是由較細緻的黏土所組成時，則可在其半乾時，於適當部位打磨光滑，如此，便會形成較粗糙、和較細緻的兩種肌理感。

(二)添加物的變化

A.在不同種類的黏土中，添入各種適當成份、適量比例的砂，或是熟料（匣鉢粉）……等，改變黏土原有的質感，形成較粗糙的效果。

B.在黏土中，加入可燃性物質，如：木屑、碎紙、稻殼……等，而使用此種含有添加物的黏土所做成的器物，在素燒後，器表便會產生許多旣自然又有趣的孔隙。若是將這些可燃性物質直接附在器表，再入窯素燒，也會產生意想不到的效果。

△經過打磨的器表，在燻燒後會產生悦目的光澤

△坯土中摻有熟料，會使質感更形豐富

▽揉合色土所做出的大碗

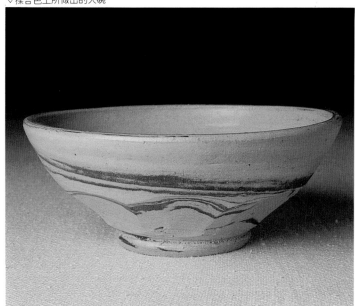

▽色土在土板上的變化

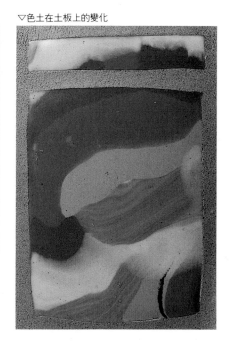

▽運用絞胎手法所做成的方碟，其間紋理的變化，
　完全取決於揉土時的手勢

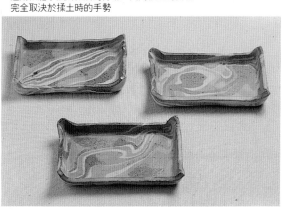

▽絞胎作品的局部，也是頗爲可觀

(三)有色土的應用

當黏土中含有不同性質、或不同份量的氧化金屬時，便會顯現出相異的顏色，若能巧妙的運用這些不同顏色的黏土，就會創造出極具裝飾性效果的趣味和變化。但在運用這種手法時，要先測試所使用的各種土，瞭解它們各自的收縮率是否相同，以免將來成形、素燒後，產生開裂或變形的現像。有色土的成形手法，約有以下數種：

1. 土板

將不同顏色的兩種土（或多種）大致混合後，壓成土板，再由中間切開，即可運用這些土板，參照上章所述土板成形法的製作過程，使之成形。

2. 拉坯

將兩色土交相重疊，或是搓揉混合後，置於轆轤上，運用拉坯手法，使之成形。在修坯時，再將表面刮除，就會呈現出漂亮的條條變化，這種手法即是源於唐代的絞胎器。而在疊合、或搓揉雙色土的過程中，因著各人的手法不同，也會形成相異的紋理變化。

▷運用該法所做出的土板
◁在黏土中摻入相異的氧化金屬後，將其切成條狀，並交叉放置。再用製作土板的方式加以切割

◁將摻有不同發色劑的色土揉合後，會產生各種的紋理變化

▷運用絞胎手法所做出的器物表面

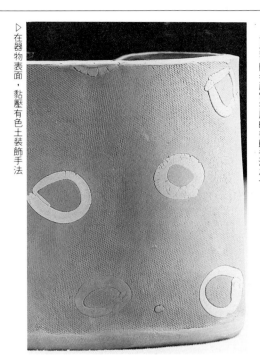

▷在器物表面，黏壓有色土裝飾手法

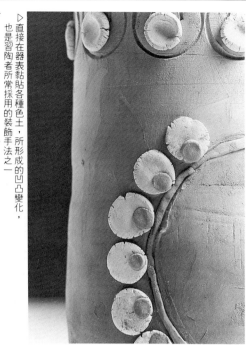

▷直接在器物表黏貼各種色土，所形成的凹凸變化，也是習陶者所常採用的裝飾手法之一

3.泥條

先將不同顏色的黏土，各自搓成適當粗細的泥條後，再將它們組合成形。在組合的過程中，需特別注意手指的動勢，以免產生因兩色土相混、污染，導致色彩混濁的現像；或是因黏合不牢，使得作品燒成後，產生斷裂。

二、表面肌理的人工變化

當我們在創造一件作品時，主要考慮到的問題，便是該如何成形，如何使形體符合自己的美感，如何在燒成之後，仍能貼切地詮釋出自己的創作意念……等，而後，才是從我們所知道的素材中，去選取適當的成形媒體。

這種以「形」為創作表現中心的觀念，是一般造形設計的主要重點。因此，除了利用黏土本身的特質，和因為受到外力所產生的各種變化……，來做為「成形」時的裝飾手法之外；我國歷代的陶工，更是廣泛地從大自然、和生活體驗中，汲取了許多裝飾手法的靈感，這些手法一直沿用至今，而更形豐富，其種類約有以下數種：

1.黏貼法

這種技巧是在製作成形時，最常被採用的手法之一，除了可修正器形上的比例缺陷外，還可藉著貼附器表上的土片，增加肌理上的層次感，使作品更富趣味性和變化。但在將附加土片黏貼於器表時，需要仔細檢看黏附處是否牢固，以免素燒後脫落。至於所黏貼的土片，也因作者創作意念的差別，而有兩種不同的方式：

(a)黏以素面土飾：依作者心中所需的形象（抽象圖案、動物、花、樹……），將黏土搓壓成長、短、細、圓或片狀等花樣，再將它們各自置於適當的位置，黏在待裝飾的素面器表上。

(b)黏以紋樣土飾：先用模具在要用以裝飾的土片上，壓出各式紋樣，再用這些有花紋的土片，貼在坯體的適當位置上。

▷花瓶

△運用黏貼性裝飾手法，所做出的壁飾

▽不大的圓盤中，由於黏貼法的運用得宜，
　也能創造出「留得殘荷聽雨聲」的意趣

△在運用黏貼法時，需注意黏貼物與整體的搭配關係，
　才能做出具有美感的作品

▽簡單的幾何造形式黏貼，也能創造出具有現代感的趣味

▷隨著作者心中的創作意念，可自由的採用各種裝飾手法，此作品中即包含了黏貼、壓印與刮割等技巧

◁黏貼與壓印手法兼用的圓盤裝飾

△運用壓印法所產生的裝飾效果

▽壓印與釉飾混合使用的花器

2.壓印法

這種裝飾手法，和拓印、版畫的效果頗為相似，即是將自己所喜愛的紋飾，藉著壓印的方式，直接轉換到土坯上。而這些紋飾的取材，有大自然中的各式紋理，如：各具特色的老樹幹、葉脈、枝椏、或粗糙的石頭面；也有我們日常生活中所習見物品的紋理，如：竹簾、洗衣板、原子筆、木條、繩子、螺絲……等，只要是符合自己創作意念的物品，均可用來壓印在土坯上，製造坯體的表面肌理效果。

壓印的裝飾手法，是較容易且富變化者，初學者可由此多加練習，創作出許多具有活潑、有趣的裝飾風格的作品。

3.刮、切法

新石器時代器物上面的篦紋，即是此類裝飾手法的代表。這種在坯體成形後，再用工具加以刮或切（也可交互運用）的手法，常會製造出較富齊整性、律動性的裝飾效果。

(a)刮：運用粗細不等的竹片、木片或鐵片在坯體表面刮出線條或塊面；也可以用梳子、篦子或鬃刷在坯體上刮出深淺不一的線條；金屬刷子、折斷的木條……等其他工具，也都是值得一試的表現媒材。

(b)切：在土坯成形時，保留較厚的土，再用線或刀，切去表面的部分泥土，使表面形成塊面組合的效果。

◁運用不同質感的材料，在土塊上所壓印出旨趣各異的裝飾效果。

▷在器表壓印圖案時，最好用手在內部相護持

▷器表飾有用模具所壓出古典圖案的容器

◁運用壓印手法所做出的圓筒

▷塑膠花邊、石頭、紙張、粗麻繩、鐵圈、瓦楞紙所壓印出的紋理

△以刻繪的線面來顯現出立體的順序

▷同時使用黏貼與浮雕兩種裝飾手法的瓶子

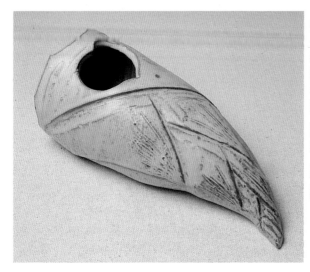

△根據筍的造形而在器表上兼施刻、刮等手法

▷運用鑲嵌法所做出的裝飾圖案

4. 雕刻法

黏貼式裝飾手法，是在平整的坯體上，製造出立體性效果，使單調的坯體更形豐富多變。而雕刻式裝飾手法，則完全相反，它是較類似漢代畫像磚中的陰刻手法，使原本光滑的表面，因著凹凸的線性變化，而增添迷人的效果。它的慣用手法，有以下數種。

(a)刻繪：俟坯體半乾時，在表面用鉛筆輕輕鉤出所要的紋樣，再將不要的部分，加以剔除。在剔除多餘泥土時，需注意施力的均勻與否，以免因用力不當，而傷及坯體本身。

(b)浮雕：在較厚的坯體上，畫好圖案後，再依序劃分出高低的層次、和前後的順序，刻出凹凸多變的花樣。

(c)透刻：這種將紋飾部分加以鏤空的手法，多施用於香爐、燈、盒……等需要透氣、透光的器皿。運用這種裝飾法的坯體，無需特別的厚、薄，完全依正常的成形方式做出坯體即可。

5. 鑲嵌法

陶瓷器上所使用的鑲嵌法，與青銅器、和漆器的同樣裝飾手法，有著密切的關係。它是用鉛筆在半乾的陶坯上，鉤出圖案後，薄薄的

◁運用透刻法所做出的燈罩

▷刷動化粧土時常會產生書法中筆觸的效果

▷化粧土的運用，需注意到與釉色的配合

◁背景採用透刻式圖案的花器，可增加空間上的延伸感。

剔除圖案所佔的面積，再在凹陷的部位，塡入不同顏色的色土，並將坯體表面修整光滑、宛如一體。但在選用色土時，應先測試其與坯土的收縮率，是否一致，才不會在燒成後，出現鑲嵌部份和坯體不合的現象。

6. 化粧土

　化粧土的運用，原本是爲了遮掩坯體的缺陷，後來逐步發展，形成陶瓷裝飾技法中的一支主流。它的方法，即是在坯體表面，塗施各種顏色相異的泥漿。而最常使用的泥漿，有黑白二種(配製法，請參見130頁)；白色泥漿，多塗施於深色坯體，而顏色較淺的坯體，則多運

用黑色泥漿，施畫泥漿後的坯體，俟入窯素燒完畢，應再施以透明釉。這種裝飾手法的變化運用，約有以下數種：

(a)刷：利用毛筆或刷子沾取適量的泥漿，在坯體上塗繪，產生書法中筆觸的效果。刷漿的動勢，可斜刷、直刷、橫刷，或直接在轉台上刷繪。在刷繪時，需先在心中定好腹稿圖案，以免邊思考、邊刷繪而導致筆、刷上所沾的泥漿下流，破壞了原有的格局。

(b)刮：將化粧土漿，滿施於坯體器表，俟坯體乾後，可利用鋸齒、梳子……等不同的

工具，刮出具有不同效果的紋飾。

(c)刻：在塗滿化粧土漿的坯體上，以鉛筆輕繪圖案，再將不必要的部份剔除，燒成之後，便可看出器表上兩種顏色的變化。

(d)擠：用較濃的化粧土漿，裝在壓擠罐內，擠出線條或花紋。壓擠罐也可以用剪去一角的塑膠袋來代替，至於剪掉面積的大小，與作者心中所需線條、花紋的粗細，成一正比。這種手法，與西點中的擠奶油花，有異曲同工之妙。

(e)填：先在坯體表面刻出花紋，並於凹陷處填入化粧土，待坯體乾後，再清除表面，便會明晰的顯現出花紋。讀者在練習此法時，可與鑲嵌法相互比照。

此外，化粧土漿施於坯體的方式，還可運用上釉的噴、淋、浸、重疊使用……等手法；或是在坯體上，先施黑色化粧土漿，等素燒之後，再施以白色化粧土漿，並刻出線條、花紋等，這種裝飾手法的作品，在宋代磁州窰的作品中，頗多精品。

不管是運用黏土本身乾、濕度，和受壓後會產生紋理變化的特質，來做裝飾的手法；或是在坯體上，以黏貼、刮切、刷繪、鑲嵌、雕刻、化粧土的方式，來增加器物的美觀，都僅是陶瓷裝飾手法的一部分，它們可互相配合運用，也可以自加變化，讀者可在將上述各法練習純熟後，再去創造更豐富的裝飾技術、和方法。

△此一作品的器身採刮印式裝飾手法，口緣則採黏貼泥條的方法，來創造整體的美感

▽刮印的格紋、泥條黏貼的口緣、捏塑的花生組成了這兩件別具風味的盤子

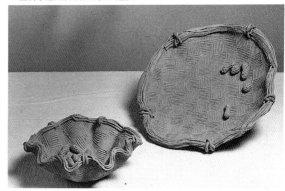

▽壓印與刮割的手法，爲這件方盒增添了現代感與律動性

鑲嵌法的製作

①在半乾的土坯上，以鉛筆鈎出所要圖案的輪廓

②刮去部份輪廓內的土

③填入化粧土

④刮去牛身內的土

回鑲嵌完成的作品

▽花瓶：剔刻的方法

▽茶具：表面刮切的效果

▽容器：利用線條的變化所產生的裝飾

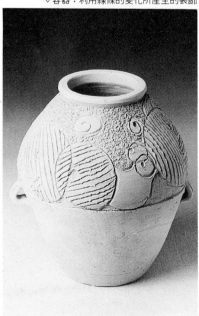

□綜合性裝飾技法之範例

◁在塗滿化粧土的器表，運用剔雕法，透出坯的底色，形成對照性的圖案

▷此件飾以化粧土的作品，具有間層式的動感

◁飾以化粧土的壜子

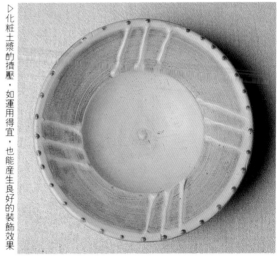

▷化粧土漿的擠壓，如運用得宜，也能產生良好的裝飾效果

◁化粧土的運用得宜，往往可表達出極精緻的圖案細節

▷運用泥漿做成的容器裝飾

◁化粧土的裝飾手法既自由又豐富，故廣被陶藝家所採用

◁化粧土可創造出筆繪的效果

▽綜合運用壓印及黏貼手法的作品

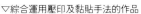

▽運用透刻法所做出的作品

▽交叉式透刻，使這件方形器不但充滿了線性的變化，
　也具有強烈的現代感

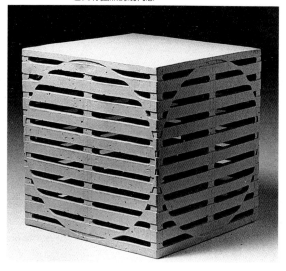

《第四章》 釉

第四章　釉

一、釉的起源及其特色

關於釉的起源，中外的學者們各有見解，大致可歸納成下述數點：

(A)有些學者是將一些西元前一萬二千年左右在埃及製造的類似玻璃質的珠子，視為釉的起源，也就是認為先有玻璃而後有釉。

(B)大部份的學者對該批珠子的真實性，表示存疑。認為應以在埃及古城尤里都 (Eridu) 所發掘出砂石混合鹽所燒成的玻璃（其年代大約於3000 B.C.），和從埃斯奴那（Eshnuna）出土的一些淡綠色玻璃塊⋯⋯，為做玻璃的早期代表。而釉的起源，則可追溯到埃及古王朝(4321 B.C)所製作的一些陶器，那些用泥漿所畫出流利的人體和動物主題，由於含有氧化鐵的成分，燒後便產生了類似黑釉的效果。

從釉與玻璃製作的年代而言，有些學者因而揣測：玻璃是有意嘗試重製陶、瓷器釉藥效果，而產生的物品。

(C)也有些學者認為：玻璃是在自然狀況下，無意中將含矽的礦石、蘇打灰（草木灰）與含氧化金屬的礦物加熱所產生的；或是在燒坯中含鹼的陶器時，由於無意中的火度錯誤，釉改變了形態而形成玻璃。

若是以我國陶瓷器上釉的起源而言，商代鄭州二里崗和江西清江吳城所出土的原始青瓷，是我國迄今所發現最早使用石灰釉的製品，燒成溫度在攝氏一千二百度以下。而我國玻璃的製造年代，以目前的出土物觀之，時間略晚於釉的產生期。

事實上，釉大體說來就是玻璃的某種固化形態。當我們在玻璃中加入使其能與土壤緊密結合，且使表面變硬的物料（如：氧化鋁Al_2O_3），便成了可供陶瓷器使用的釉了。因此，在解釋釉的組成與分類之前，我們必須指明釉之有別於玻璃的特性所在。

(A)在高溫燒成中釉熔化成液態時，不能有太大的流動性以免釉水下流黏住匣具、硼板，但亦需要有適當的流動性使釉水能均勻的掛舖在坯體表面。這一點有別於玻璃的燒成，因為玻璃不需要考慮掛施於坯體表面的要求，僅要求玻料能充分的熔化去渣，固化成形。

(B)釉的燒熔溫度範圍有一特定的上下限，普通僅有10至20度的溫度燒成帶，這個燒成帶依陶瓷器的功能、特性之要求下在一定的溫度中熔化或凝固，也能依一定的規則重覆再現。

(C)燒成的釉面必須質地堅硬足以耐酸、耐鹼和耐磨，而不僅只是為了美觀的理由。先民由漫無目標、盲目試驗中逐步發展高溫的硬釉以取代低溫鉛釉軟陶，實是陶瓷史上令人驚佩的成長。

當我們從上述的各項區別點，瞭解到釉的特色後，不妨再從釉的分類、組成⋯⋯等方向，將釉的面貌，做一透澈的瞭解。

二、釉的分類與組成

釉的分類，見仁見智各有不同，有些學者直接以燒成火度分為高、低溫釉，然後再加以細分成：低溫鹼性釉類、鉛釉、硼釉、鋅釉等

〈圖表一〉

釉的分類

圖表一　歐頓 ORTON 大錐溫錐表

錐　號	溫　度
022	600°C
021	614
020	635
019	683
018	717
017	747
016	792
015	804
014	838
013	852
012	884
011	894
010	894
09	923
08	955
07	984
06	999
05	1046
04	1060
03	1101
02	1120
01	1137
1	1154
2	1162
3	1168
4	1186
5	1196
6	1222
7	1240
8	1263
9	1280
10	1305
11	1315
12	1326
13	1346
14	1366
15	1431
16	1473
17	1485
18	1506
19	1528
20	1549

低溫釉　中溫釉　高溫釉

釉種：鉛釉、樂燒、硼釉、鹽釉、硬硼酸鈣釉、鋅釉、長石釉、泥漿釉、灰釉

。也有依燒成結果而分的：透明釉、不透明釉、無光釉、結晶釉……等。在此僅以燒成溫度的高低，將釉做一概略的分類。（圖表一）

釉藥原料，大致可分成三類，從化學性質來看是鹼類、酸類和中性類。

鹼性物料，一般以 RO 表示，它的主要功能在於調整釉材的熔化度，可以降低或促熔、助熔釉材中的分子，所以也被稱為熔劑。這類物質主要有：氧化鉛（PbO）、氧化鋅（ZnO）、氧化鈣（CaO）……等。

名　稱	性　　　　　　　　質	來　　　　　源
鋁 Al	增加釉的耐火性和釉面的硬度且能降低釉的膨脹系數。	長石，黏土 （氧化鋁(Al_2O_3)的熔點為2,050°C）
矽 Si	構成釉玻璃的必要成分，提高釉的耐酸鹼性，增強釉面的硬度，提高釉面的熔點。	石英，砂，長石，黏土 （氧化矽的熔點為1,600°C）
鋅 Zn	中溫及高溫釉的改良劑，適量加入，有助熔、防止釉面龜裂、增加光澤的功能，鋅也有促成結晶和造成失透作用。	（氧化鋅的熔點為1,800°C）
鎂 Mg	低溫釉的耐火劑，高溫釉的助熔劑(少量)；用量多時有失透作用。膨脹系數小，可防止釉面開裂。	滑石，白雲石 （氧化鎂的熔點為2,800°C）
鋇 Ba	作用和氧化鎂、氧化鈣相似，但用量較少。可調整釉面造成無光效果，有毒性。	碳酸鋇 （氧化鋇的熔點為850°C）
鍶 Sr	和氧化鈣相似，可增加釉之流動性，造成光滑釉面，並增加燒火範圍。因價格昂貴，故少用。	（氧化鍶熔點為3,000°C）
鈣 Ca	本身熔點很高，少量使用可助熔；增加釉的硬度、光澤，並降低釉之膨脹系數，是常用之助熔劑。	碳酸鈣、白雲石、鈣長石 （氧化鈣的熔點為2,570°C）
鈉 Na	為強助熔劑，膨脹係數偏高，易造成釉面裂紋(開片)，熔面也因之硬度較低。	鈉長石，碳酸鈉 （氧化鈉熔點為620°C）
鉀 K	和氧化鈉相似，但等量的鉀代替鈉時，會產生硬度較高，流動性較低、膨脹系數較低等現象。	鉀長石，硝石 （氧化鉀的熔點為560°C）
鋰 Li	效果和鈉、鉀同，但更強，一份的鋰即可代替三份以上的鈉、鉀。可減少膨脹率，增加光澤、耐酸及減少針孔，價格昂貴，適於少量使用。	葉長石，碳酸鋰 （氧化鋰的熔點為602°C）
鉛 Pb	大量使用於低溫釉中，是低溫釉的主要熔劑，光澤好、燒火範圍寬，釉面較軟，不耐磨，有毒。	鉛白，鉛丹 （氧化鉛的熔點為470°C）

　　酸性物料，一般以 RO_2 表示，它的主要來源是含二氧化矽(SiO_2)的砂粒與土礦。它的主要功能是構成釉的基本骨材，這有如水泥、木材是構成建築物的基本材料一樣。由於與鹼性物質結合，就形成鹽類；也就是說，當酸、鹼兩種物料結合時，便是矽鹽體的基本形。

　　中性物料，是使矽酸鹽體強化的基本骨材之一，亦可增強釉與坯的密接度，這大約是來自他增加釉的稠性而言，它通常是以 R_2O_3 來表示。在製造釉時，R_2O_3 的主要成分，是來自含有三氧化二鋁(Al_2O_3)的黏土。其主要作用在於：防止釉藥下流，阻礙結晶的形成，調整釉的黏度、製造懸濁的效果，賦予玻璃質的光亮表面。

硼 B		硼一般均是水溶性的，故常先做成熔塊使用，少量使用減少膨脹，多則增加膨脹，可防止結晶、失透，產生光澤，使用正確時，可增加耐火性。	硼砂，硼酸 (氧化硼的熔點為577°C)
着 色 劑	鋯 Zr	失透劑，增加白度及硬度，耐磨擦，防開裂，本身為白色釉之着色劑，用量約2～10％	氧化鋯 矽酸鋯
	錫 Sn	乳濁劑，白色釉的優良着色劑，和鉻在一起時產生紅色系統的鉻紅，和銅在一起產生青色。	氧化錫
	磷 P	只適合少量使用，產生失透、乳濁，用量多則引起針孔、氣泡。	骨灰、磷酸鈣
	鈦 Ti	純粹氧化鈦可用於白色釉中作乳濁劑，含鈦不純的原料如金紅石，則偏乳黃色。	氧化鈦、金紅石
	銻 Sb	具有乳濁和着色劑雙重作用，使用於低溫釉中，為黃色、橙色的來源。	氧化銻
	銅 Cu	銅可產生綠色和紅色的釉面，其效果決定於釉燒時的火焰性質。	氧化銅、碳酸銅
	鈷 Co	於釉中呈藍色或紫色的着色劑，用量小、效果佳。	氧化鈷
	錳 Mn	於釉中是強熔劑和著色劑；產生紫、紅褐、黑等色調。	氧化錳
	鎳 Ni	着色效果安定，呈色甚多 產生灰、黃或褐色	氧化鎳
	鐵 Fe	鐵是最普遍，使用歷史最久的着色劑 產生釉色極廣，從青、黃、紅、棕到黑	氧化鐵
	鉻 Cr	鉻單獨使用時，產生綠色，鉻和錫產生紅色 鉻和鐵則產生棕色	氧化鉻

釉中鹼性、中性、酸性物料的不同比率，決定了熔融溫度的高低，在這些不同溫度的基本釉料中，加入各種適量的氧化金屬配以各種燒成方法，便有變化多端的呈色效果。這些氧化金屬研磨得愈細，便愈能均勻的分佈在釉或黏土中。若施有過多的金屬氧化物，無法完全溶解在釉，燒後，即會產生黑色金屬性斑塊，

若太少，則呈色效果薄弱。但並非所有的金屬氧化物均適合做著色劑，像水銀、砷等遇熱揮發太快，呈色並不穩定。

以下的分類表格，在於概略性的介紹一些常用的釉原料、及其性質；未列於表中者，不外是過於昂貴，或本地少見，不易獲得，而被刪減者。（圖表二— A、B、C)

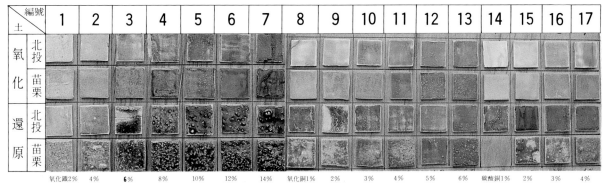

土\編號	1	2	3	4	5	6	7	8	9	10	11	12	13	14	15	16	17
氧化 北投																	
氧化 苗栗																	
還原 北投																	
還原 苗栗																	

氧化鐵2%　4%　**6%**　8%　10%　12%　14%　氧化銅1%　2%　3%　4%　5%　6%　碳酸銅1%　2%　3%　4%

△在1250℃的溫度下以不同的土和不同的燒法加入不同百分比的氧化金屬在基本釉中的呈色情況

▽三角實驗表的燒成情況

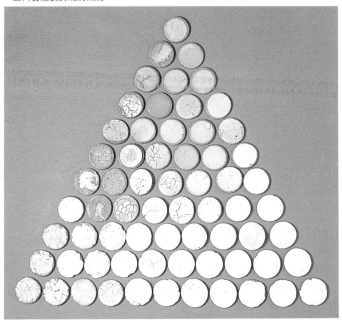

▽樂燒清亮釉的燒成情形

三、三角實驗表

　　任何釉的組合，均含有酸性的矽60%－80%，中性的鋁10%－20%，和鹼性物質10%－20%（如鈣或鋁等）；長石本身就含有前三類成份，而一般黏土則含有上述的四種成份，這兩種材料，當溫度到達熔融點時，都可以做為基本的釉料。

　　三角試驗表的功用，在於可以看出三種物質在一特定溫度下的燒成情況。如圖例是長石釉的三種基本釉料——長石、石英、碳酸鈣，在1250°C時燒成的變化情形。讀者可以利用三角試驗法，去找出燒成情況良好的釉式，再加以利用；也可以嘗試以其它的原料（如木灰、長石、土即構成另一型式的三角表）來做三角表的實驗。只要多做試驗，瞭解到溫度和原料性質的變化時，就會慢慢的走入釉藥的堂奧。（圖表三）

四、各種溫度的釉藥配方

　　圖表四的配方，是利用台灣地區目前可以得到的原料調配而成，讀者可對這些配方稍加實驗後，直接加以使用。

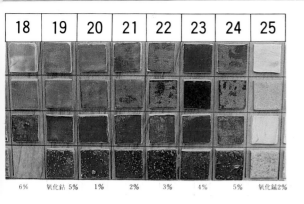

| 18 | 19 | 20 | 21 | 22 | 23 | 24 | 25 |

| 6% | 氧化鈷 5% | 1% | 2% | 3% | 4% | 5% | 氧化錳 2% |

△1050℃ 釉以電窯燒成的試片

△1230℃ 釉以電窯燒成的試片

△兩種釉在重疊時所產生的情況

〈圖表二―B〉

R₂O 強　鹼		RO 鹼　土		R₂O₃ 中　性		RO₂ 酸　性	
K_2O 鉀		ZnO 鋅		Al_2O_3 鋁		SiO_2 矽	
Na_2O 鈉		MgO 鎂		B_2O_3 硼			
Li_2O 鋰		BaO 鋇					
		SrO 鍶					
		CaO 鈣					
		PbO 鉛					

〈圖表二―C〉
(詳細資料請參考本書附錄書單中各資料)

色　系	着　色　劑　量　表
黃褐色系	鐵 2%～5% 金紅石 2%～5% 鎳 1%～4%
綠色系	鉻 2%～4% 銅 2%～5%
藍色系	鈷 0.5%～5%
紅色系	銅(還原)0.5%～3% 鐵 10%～15% 鉻＋錫(低溫)2%＋1%－3%－5%
白灰色系	錫 3%～8% 鋯 4%～10% 鋅 2%～7% 鈦 1%～3%
棕黑色系	錳＋鈷＋鐵(3%＋2%＋7%) 鐵 6%～18%

五、從自然環境中找釉

　　早期的釉，都是從周圍的自然環境中，所找出的可資運用的原料，以下即是一些例子：

(一)灰釉

　　從日常生活中找尋到燃燒過的灰燼，如草灰、木灰、稻草灰、雜木灰……等，均可利用。這些灰燼在使用前，都需要經過淘洗和篩網（80目）過濾的步驟；大體上，淘洗的次數越多，它的耐火度便越高。而較細灰的耐火度略遜於較粗的灰。淘洗好的灰等晒乾後即可使用，配製時可利用三角試驗表來做出所要的釉方，最古老的灰釉僅是黏土和木灰，低溫釉則是加入了鉛，高溫釉中普遍含有灰、長石、黏土。灰釉的燒成帶大多在 1200°C 左右或之上。圖表五是幾種灰釉的配方。

原料＼釉名　百分比	黃紅色	綠金屬光	藍色釉	清亮釉
鉛　　白	80	80	80	62
石　　英	15	15	15	28
硬硼酸鈣	5	5	5	7
重鉻酸鉀	5			
碳酸銅		2.5	1	
氧化鈷			1	
金門土				5

原料＼釉名　百分比	1號白色基本釉	2號白色基本釉
鉛　　白	0	45
石　　英	10	15
碳酸鈣	0	10
高嶺土	5	10
日化長石	45	20
硬硼酸鈣	30	0
碳酸鋇	5	0
氧化鋅	5	0

※本表中1、2號基本釉添加着色劑的呈色效果

氧化鐵 3.5% ／ 滐黃
氧化錳 3 ％ ／ 棕
氧化鈷 0.5% ／ 水藍
氧化鉻 1 ％ ／ 淺綠
重鉻酸鉀 3% ／ 淡澄
氧化錫 1.5% ／ 淡澄

〈圖表三〉　三角實驗表

A—日化長石
B—碳酸鈣
C—石英

〈圖表四—C〉　燒成溫度：1230℃　SK·6-7

原料 ＼ 百分比 ＼ 釉名	白色釉	透明釉	淡綠釉	黑釉	藍釉	黃棕	綠釉	黃芋色釉
霞正長石	30	50	38	30	30	0	30	30
斧戶長石	0	0	0	0	0	45	0	0
石英	26	18	22	26	26	5	26	26
碳酸鈣	16	20	0	16	16	12	16	16
瓷土	8	0	0	8	8	15	8	8
高嶺土	0	10	0	0	0	23	0	0
白雲石	0	0	0	0	0	0	0	0
硬硼酸鈣	0	0	17	0	0	0	0	0
滑石	0	0	6	0	0	0	0	0
氧化錫	8	0	2	8	8	0	8	8
氧化鋅	6	2	8	6	6	0	6	6
碳酸鋇	8	0	7	8	8	0	8	8
氧化鈷	0	0	0	3	0.1	0	0	0
氧化銅	0	0	0.5	0	0	0	0.3	0
氧化錳	0	0	0	7	0	0	0	3
氧化鐵	0	0	0	5	0	10	0	0

〈圖表四—D〉　燒成溫度：1280℃　SK·9

原料 ＼ 百分比 ＼ 釉名	C-23 厚黃薄棕	C-18 棕黑	A02 透明	A003 白色無光	C-52 橙黃	鐵紅	429 厚白薄黃
日化長石	30	28	35		60	70	25
霞正長石	15			34			
石英	10	37		17		20	7
碳酸鈣	25	11		7	20	15	5
美國土		18	15	22	17		33
合成土灰	20		35				
白雲石		4		13			30
滑石			15			16.5	
磷酸鈣						15	
硼砂							
氧化鋅		1		6	3		
氧化鐵	4	10			7	20	
金紅石					5		7

△上釉完成準備入窯的作品

▽灰釉

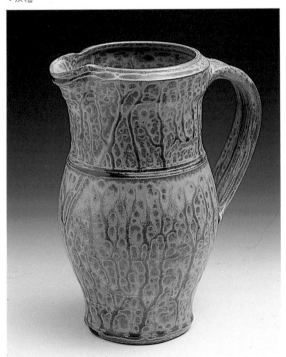

▽塩水噴在坯體上的效果

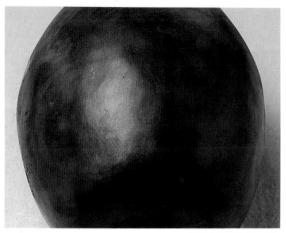

△坯體打磨後燒成的光澤

〈**圖表四—E**〉 燒成溫度：1280℃ SK：9

原料 \ 百分比 \ 釉名	烏金黑釉	志野乳白	透明開片
日化長石	58		
爺戶長石		60	60
石 英	20	13	
碳 酸 鈣	12		10
美 國 土	7	4	10
滑 石		15	8
碳 酸 鈣		5	
碳 酸 鎂	3	5	
碳 酸 鋇		2	
碳 酸 鈉		2	
硼 砂		1	
木 節 土		3	
氧 化 鐵	8		
氧 化 鋅			4
硬硼酸鈣			10
			註：若要厚施開片，釉料宜配完即用，不可久置。若久置後施用則易跳釉。

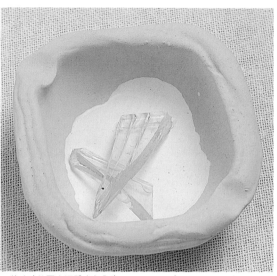

△將玻璃放置在坯體內部入窯

▽小塊玻璃燒溶後的情形

▽稻草被燒至高溫後所留下的影子

〈圖表五—A〉　灰釉　　燒成溫度：1250℃　SK：7-8

原料 ＼ 釉色（百分比）	米糠白釉	黃色釉	綠色釉
霞正長石	30	40	40
相思木灰	35	50	50
稻草灰	35	10	0
氧化鐵	0	2	0
氧化銅	0	0	5
石英	0	0	10

〈圖表五—B〉

原料 ＼ 釉名（百分比）	透明釉 ①	②	③	④
霞正長石	80	50	40	80
木灰	20	50	60	15
稻灰	0	0	0	5

(二)泥漿釉

有些黏土，在燒到1250°C左右都會熔化成流體狀態，這便符合了成釉的條件；所以，我們不妨採取周圍環境的黏土，調成泥漿，過濾雜質後，用素燒好的試片沾些泥漿，試着燒燒看。若是燒成的情形，可以成為光亮平滑的狀態，那麼這種黏土便幾乎能當釉藥來使用了。例如白雲土在燒至1280°C時，即會變成一種細緻溫潤的白色釉藥。如果燒成時，仍是粗糙無光或是並不太熔解時，則需要加一些助熔劑如長石、木灰、或是少量的鉀、鈉、硼均可。（圖表六）

(三)鹽釉和鹽水

鹽的成份中含有鈉，在高溫時（約1200℃左右）將鹽投入窯中，鹽會分解成鈉鹽，附着在坯體上形成有光澤的釉。這種鹽燒的技法往往會導致窯壁及窯具同時沾附上鈉鹽，加上鹽在燃燒時所釋放出來的氯氣，對人體也有害處，所以鹽釉燒一般只單獨產製，不與其他它種的釉燒相混。對習陶者而言，鹽釉作品的製作有其實際的困難，可是若將鹽水調成不同的濃度，浸淋在坯體上，也可以得到令人滿意的效果；但所用的鹽份不可過濃，否則鹽份會侵蝕坯體，以致燒成後，會造成不可挽救的泡狀表面。

(四)玻璃和磨光的效果

將普通玻璃的碎片，加入作品的內部或凹處，燒成後會形成厚積的釉；但數量不宜太多，以免高溫熔化時溢出。由於玻璃碎片所形成的厚釉層，加上冷却收縮時的影響，會使釉面產生裂紋，形成有趣的效果。

另外，用鍍銀的湯匙去打磨半乾的土坯，或是用手指去擠磨，燒成後，也會有迷人的微亮光澤，這種效果會因不同的土料，而有不同的效果。

(五)化粧土的配製

化粧土的起源甚早，它是種人工配成的泥漿，用來改變原有的胎土顏色。在宋代磁州窯的產品中，有許多便是採用這種方式作為坯體的裝飾。現代陶藝對化粧土的使用有更豐富的

〈圖表六〉　泥漿釉　　燒成溫度：1260℃　SK：8

原料＼釉名／百分比	白色釉	綠色釉	黑色釉	
白雲土	80	80	80	0
瓷土	5	5	10	0
霞正長石	15	15	15	0
日化長石	0	0	0	50
苗栗紅泥	0	0	0	50
氧化鈷	0	0	2.5	0
氧化鐵	0	0	3.5	0
氧化錳	0	0	5	0
氧化鉻	0	2	1.5	0

〈圖表七〉　化粧土釉　　最高適用溫度：1280℃　SK：9

原料＼顏色／百分比	化粧土／白色	化粧土／綠色	化粧土／黑色
白雲土	50	50	50
瓷土	50	45	40
坯土乾粉		5	10
氧化鉻		1.5	0
氧化銅		2	1.5
氧化鈷			2.5
氧化鐵			5
氧化錳			6

變化，一般常使用的有黑色和白色，也有與釉下彩並用的。而其它的顏色，則可利用氧化金屬予以調配使用。白色化粧土多取自瓷土，再予以調整，以配合個人所使用的土坯的收縮比例。而黑色化粧土則是利用陶土的泥漿，再加入鈷、鐵、錳，也會有良好的效果。圖表七是幾種化粧土的配方，以供參考。

㈥稻草的影子

　　用稻草（其它植物亦可試驗）編結成所喜愛的花樣，掛附在素坯上，小心放入窰中燒成。由於稻草灰中含有礦物質的影響，會形成一些美麗的花紋，也可算是灰釉的一種作用。日本的「備前燒」即以此種技法聞名於世。

六、怎樣做試片

　　所有的釉式在被使用之前，都必須先做試驗。由於釉藥原料的成份大都來自礦物，其中各元素的含量，或多或少都會有一些差異；加上在燒造過程中的酌減量等因素，使得任何既成的釉方，在不同的地方或購自不同原料商的

原料，甚至當窰爐狀況不同時，都有可能影響釉的效果。所以，習陶者在擁有釉方之後，仍要先做試驗，以證明效果的正確性。

以下是介紹做試片的過程：

① 先準備好要用的工具，如：天平、磨缽、素燒好的試片、細毛筆、氧化鐵（已調稀如墨汁狀）、塑膠袋（或小罐）、麥克筆（用以註明釉方名稱）……等。

② 按配方秤量好各種原料的份量，依次裝入已經註明好標誌的塑膠袋中。

③ 將塑膠袋口密封後，把袋內的原料加以抖動，使均勻混合，再倒入磨缽中。注意勿使原料殘留袋中，以免影響測試效果。

④ 將適量的水逐次加入（勿加太多，以免過稀），用磨棒徹底研磨成細稠狀態為止（如濃稠的牛奶狀。）

⑤ 以細毛筆沾氧化鐵液在試片背面註明配方的編號及名稱。

⑥ 沾上試釉，方形立片要上濃下薄，以測出燒成後釉的流動性；圓形小杯則可測出厚施的效果。

⑦ 入窰燒成後，即是實驗完成的試片。

△實驗釉藥所使用的天秤

試片的製作

①配製完成的釉需先混合

②倒入研鉢中研磨

③以氧化鐵標明試片的名稱

七、上釉

　　陶瓷土坯往往在經過素燒之後，再上一層釉藥，始入窰燒成；其目的在於素燒的坯體比較容易吸水，便於上釉。其次為比較堅固，在上釉過程中，比較沒有破損的顧慮。

　　釉藥若是上的太厚，當它在窰中開始燒熔的時候，便會往下流至坯體底部，黏於耐火板上；此外，過厚的釉層在冷却時，會由於收縮不均的關係，導致釉面的裂痕。可是，釉藥上的過薄的話，燒成後，便又無法顯出玻璃質釉層的光澤與美感。

　　那麼，怎樣的上釉厚度才是最恰當的呢？這就應該依照釉藥的性質、器物的形狀，還有預期的效果來做決定。但大體說來，最適當的厚度約是0.05公分左右，而這厚度正巧與我們的指甲厚度相彷彿，因此，施釉時，目測指甲厚度來衡量上釉的厚薄，不失為一簡便且自然的方法。

△試驗所準備的工具

△配製釉藥的情形

4 以筆刷上釉藥於試片上

5 以湯匙倒釉於試驗小缽中

□完成上釉的試驗小缽

▽釉藥熔化流下的情形

▽釉藥太厚所導致的流動

▽預想釉會流下，可先墊塊土板

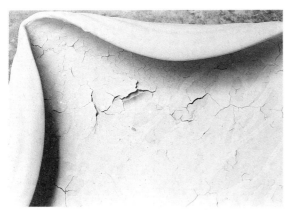

△上釉太厚產生的裂紋

△由前圖作品燒成後的縮釉

(一)上釉時需注意的事項

(A)先檢驗素燒後的坯體，在上釉前是否乾淨，
若是坯體表面有積聚的灰塵、或油污，必須
先加以清除，以免造成釉面躇縮的現象。

(B)必須仔細的將釉漿攪拌均勻，因為釉藥中的
某些成份，如石英（天然產二氧化矽[SiO_2]）等，容易比其它物質先行沈澱，並在釉漿
底層結成硬塊，使得釉藥無法燒出原有的色
澤與效果。

(C)保持釉漿的固定濃度，一般說來，釉和水的
比例約是45：55。若是釉漿過濃，可直接加
水稀釋，但當釉漿過稀時，不可直接倒去部
份釉漿，而是應先將釉漿靜放一段時間，等
釉藥自然下沈後，再將上層的清水舀去多餘
的部份，再行攪拌。

(D)坯體底部的釉藥，應去除乾淨，否則，在釉
藥燒熔時，會黏在耐火板上。通常的方法，
是在上完釉之後，等坯體已充份吸收釉藥，
而附在坯體的釉漿也不再黏手之際，可用單
手提起坯體（若是坯體太大時，可請人幫忙
，或是在轉盤上置一塊海棉，將大坯體倒置
其上，有了海棉保護，坯體口緣的釉藥才不
致受損），另一手使用平面刀片輕輕的刮去
坯體底部的釉藥，然後再用濕海棉將剛才刮
拭的部位，擦拭乾淨。

如果在上釉前，先於坯體的底部，浸上燒熔
的石蠟，或用筆塗上水蠟，利用蠟、水不相
溶的原理，產生防釉的作用，亦不失為防止
底部有釉的一個好辦法。

(二)上釉的方法

(A)浸釉法：

這種上釉法的優點，就是可以把釉藥很均
勻的敷於坯體表面，即使再複雜的形體也不例
外，同時具備了省時，和容易操作的好處。但
是，在使用這種方法時，為了使坯體能整個的
浸入釉漿中，需要較多量的釉漿，因此並不適
用於大形坯體。至於將坯體浸入釉漿中的時間
，該是多久才合宜呢？通常是等整個坯體浸入
釉漿時，約停2-3秒，即可取出，若是嫌釉藥
上的太薄，可以等到釉藥乾後，再來一次；但
是千萬不要在釉漿中浸泡過久以致釉上得太厚
，形成燒成品時的釉層缺陷。

◎浸釉法的各種上釉過程：

1. 直接浸入法：

當我們所製作的器物，是屬於口緣開口較
大的器形時（如碗、碟、盤、盅……等），在
使用浸釉法上釉時，可考慮直接浸入的辦法，
它的處理步驟，簡介於下。

①用右手的食指和姆指，卡住碗的口緣和底
部台座。

直接浸入法

1 使用水蠟塗抹底部以分離釉藥　　　　　　　　　　2 浸釉

3 以手指沾釉補上沒有釉的部份　　　4 以海綿清理底部的釉　　　5 完成上釉的小碗

②以舀水的姿勢，將整個碗斜斜浸入釉漿中。

③經過短暫的2、3秒停留，即循原弧度，將碗抽離釉漿，以傾斜的姿勢讓碗內外的多餘釉漿流回容器內。

④將沾好釉的碗，移至左手托住碗底，再以右手手指沾釉，補於口緣因手指遮住而未沾到釉藥的部位。

⑤依134頁中，所敍述的清除底部釉層的方法，用濕海綿將底部擦拭乾淨。

⑥上釉的過程，至此告一段落，可將器物移至通風處乾燥，等待入窯燒成。

這種直接浸入法的上釉過程中，若是上釉者不習慣直接以手指浸入釉中，或是坏體的高度不適合以手指夾住，也可以用大小適合的金屬夾子，將坏體夾住，浸入釉中，其餘的步驟，均與前述者相同。

2. 灌釉與浸釉兼用法：

當需要上釉的器物，是屬於口緣較小的器形（如小口瓶……等），使用直接浸入法上釉時，由於口徑的關係，無法在短短的2、3秒內使器物內外均勻沾滿釉藥，此時，便可考慮使用灌釉與浸釉兼行的辦法了，其步驟如下：

①視器物口徑的大小，再決定是直接將釉漿倒入體內，或是以漏斗承接的方式，倒入釉漿。

②手持坏體，順勢旋轉一周，使內部的各處都能均勻的沾上釉漿。

③倒出多餘釉漿。有的作陶者是採取邊倒釉漿，邊旋轉坏體，使內部沾釉平均的方法。

④再將這個內部已上好釉的器物，浸入裝盛釉漿的容器中。

⑤餘下步驟，與直接浸入法中的取出，拭底

浸釉法

1 準備好待上釉的素燒坯體及工具

2 挾住坯體

6 刮去底部釉層

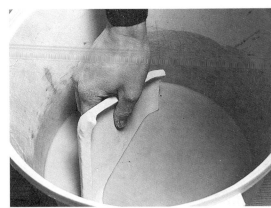

△用手直接採取分段式的浸釉法

2 緩緩倒出多餘釉漿

3 邊倒釉漿邊旋轉，使器內能均勻沾滿釉漿

4 器表採浸釉法

、補釉完全相同。

　⑥上完釉藥的成品，放置架上乾燥後，再進
　　窯釉燒。

(B)淋釉法

　　如果坯體較大，在採用浸釉法上釉時，勢
必會遇到容器體積不夠大，或是操作程序上的
困難，而上釉者又希望能夠在短時間內，以不
太費事的方法，得到釉層均勻的效果；此時，
便可以採用淋釉法來上釉了。同時，淋釉法更
能製造出具有流動感的特殊效果，是一種廣被

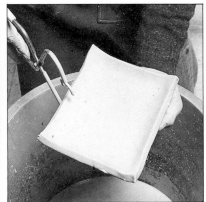

③浸入釉桶

④完全浸入

⑤取出

灌釉與浸釉兼用法

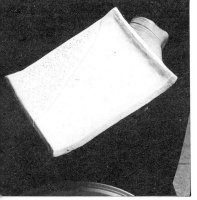

△以兩種釉重疊浸泡所產生的效果

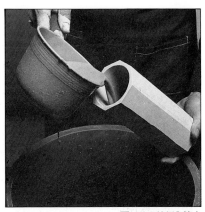

①舀釉直接倒入筒內

回完成圖

▷若是小口瓶的口徑過小，可使用漏斗將釉漿灌入瓶內，倒出後，再行浸釉法

先民所採用的上釉法，尤以唐代三彩器為其中翹楚，現代的許多陶藝家也喜歡採用這種方法，在陶坯上淋下數種不同的色釉，或是利用潑灑的手法，或是不同厚度的釉層變化，來製造出獨特的趣味。

灌釉法/茶壺的上釉

① 用筆沾水蠟塗繪蓋緣內側

② 用筆沾水蠟塗繪口緣內側

⑥ 取出

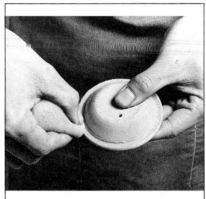

⑦ 以海綿拭去蓋緣內側釉漿

⑧ 壺身亦採直接浸釉的方式

⑫ 用海綿拭去口緣內側的釉漿

⑬ 用海綿拭去底部口徑上的釉漿

□ 完成圖

③用筆沾水蠟塗繪底部，以隔離釉藥　　　④壺蓋採直接浸釉法　　　⑤完全浸入釉漿

⑨雙手倒扣壺身　　　⑩浸入　　　⑪取出

◎淋釉法施於不同類形坏體的上釉過程：

1. 盤形器

　　此處示範是在器表施滿釉的基本淋釉法，過程如下。

①施釉者用左手手掌托住盤底，使盤面朝上，並略呈傾斜狀態。但要注意的是，盤子應置於裝盛釉漿的容器之上，以便接住流下的釉漿。

②右手持勺，自釉漿桶中舀出適量釉漿，直接淋於盤面。

③運用手腕的腕力緩緩轉動盤子。一面淋上釉漿。

④使盤面的各部份，都能沾上均勻的釉漿，再將多餘的釉漿倒回桶中。

⑤等盤面上的釉乾了之後，將盤子翻轉過來，用左手的五指托住盤心，以同②的手法在盤子背面淋上釉漿。

⑥同③，注意盤子的位置是否在釉漿桶的正上方，以免盤表淋下的釉漿滴至地面。

⑦盤背也均勻的施釉後，上釉過程即告一段落。

2. 杯形器

　　或是碗形器和任何具有底部的器物，均可適用於此一上釉程序。

①用左手五指抓住器物的底部，該注意的事項則與盤形器施釉過程中的①相同。

②以下過程，均與盤形器施釉過程中的②、③、④、⑤、⑥相同。

淋釉法/盤形器

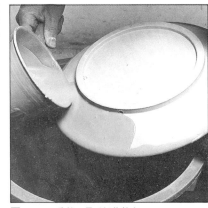

1 一手用勺舀釉，另手托住盤心

2 沿著盤緣，均勻的淋釉

淋釉法/缸形器

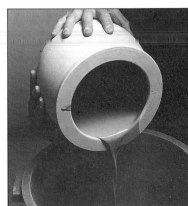

1 一手用勺舀釉，一手抱住缸的外緣

2 倒出多餘的釉漿

6 繞著缸體，均勻的淋釉

7 直到缸的外側均覆有釉漿

8 將口緣與鐵架接觸的部份，用釉漿抹平

3.缸形器

①先把適量的釉漿倒入缸中。

②雙手抱住缸，一邊轉動缸，一邊緩緩的倒出多餘的釉漿，使釉漿能均勻的施在缸的內部。

③在盛放釉漿的容器上方，架以格狀鐵網，將缸倒放（底部朝上）在鐵網上，再勺適當的釉漿，淋至坯體，邊淋邊繞坯體一周，使缸的表面亦能淋釉均勻。

④等器表的釉藥乾了之後，將坯體倒正，再用手指沾釉，修補剛才因與鐵網相接觸，而未能沾到釉的口緣部份。

3 外側上完釉後,再以　　　　　4 由盤中心向外淋釉　　　　　　5 完成圖
手托盤底為內部上釉

3 邊倒釉漿,邊轉缸體　　　4 使缸的內部及口緣都能沾滿均勻的釉漿　　　5 用鐵架置於釉漿桶上,外側採淋釉的方式

淋釉法/杯形器

1 右手持勺舀釉,左手抓住器物底部　　　　　　2 淋下釉漿　　　　　　3 均勻的將器表淋滿釉漿

淋釉的變化／交錯法

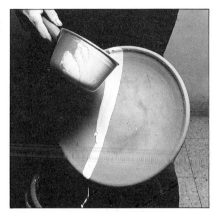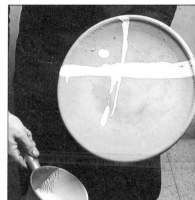

1 用勺舀釉，依心中預想圖案淋下釉漿　　2 淋下其它圖案部份的釉漿

淋釉的變化／封蠟法

1 先用蠟塗滿圖案部份，再淋釉漿　　2 均勻的將釉漿淋滿器表

2 搖動盤子，使盤心內的釉漿
　因流動而產生相溶相混的效果

1 在盤心淋上不同釉色的釉漿

淋釉的變化／流動混合法

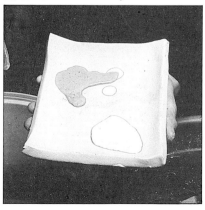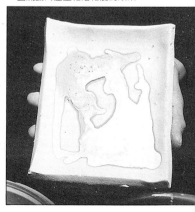

③也可視需要，而換淋其它釉色的釉漿

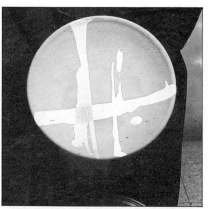

回完成圖

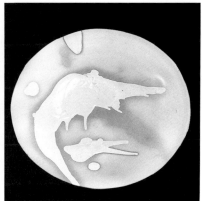

回盤內淋釉的變化

③圖案部份因爲有蠟，無法沾附釉漿

回完成圖

回滴流式淋釉的運用

4. 淋釉的變化法

　　淋釉的手法，在各種施釉法中可算是最爲自由者；因此，除了利用不規則方向，分別淋下不同弧度的釉漿外，還有以下兩種的變化法。

　　①多色淋釉法：這種上釉法的特色，在於施釉者等其所上的第一次釉乾了之後，再淋上其它釉色的釉漿。這種效果，類似滴灑作畫的流動、自然；也有些陶藝家並不等第一次釉乾，便淋第二次色釉釉漿、或第三次……，求取其中相溶相混的效果。但初學者在嘗試此法時，最好還是等釉乾後，再淋下一次的釉，以免弄巧成拙。

　　②利用橡皮吸管，製造流動的效果。

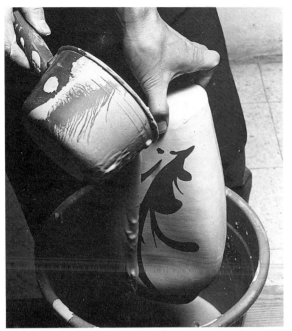

△先在器表用筆沾釉畫好圖案後，再淋上釉漿

△淋上的釉層，在燒後形成透明釉，此即釉下彩法

△用噴槍噴釉的情形

△盤心上附葉片，用吹釉的方式，使葉片無法覆蓋處
　沾滿釉漿，形成圖案留白的效果

(C)刷釉法：

　　這種上釉法，最適合於小面積的塗佈，或
是用釉色來作畫時採用，但也同樣的可用於製
造特殊效果。可是在選擇刷釉的工具時，最好
選擇能吸濡較多釉漿的羊毫毛筆。當我們在採
用這種施釉法時，要注意到是否會因為工具的
運用不當，而在器表上產生刷紋，或是因擔心
釉面不勻、太薄而多刷數次後，造成釉面過厚
，導致在未燒之前，釉就開裂脫落了。通常，

有經驗的陶藝家，在解決刷釉法塗釉不均的問
題時，大多採用在釉中加入少量的膠水；或是
遇到吸水性較強的坯體，便將它浸入水中後立
即取出，讓坯體在略呈潮濕的狀況下，再行刷
釉，這樣都可以改善釉藥塗刷不均的現象。

◎刷釉法的上釉過程：

　　①若是坯體是屬於瓶、罐、……等，只需裝
　　　飾外表的器形時，應先以淋釉法、灌釉法
　　　將坯體內部上滿釉藥後，再用刷釉法塗抹

△以毛筆刷繪釉藥

△以毛筆點滴釉藥

△吹釉後的效果

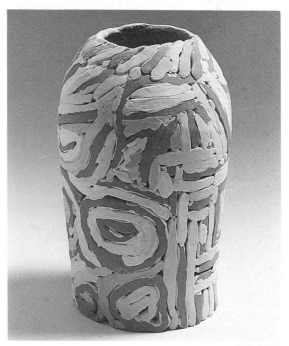
△筆塗釉藥的變化

器表。若是製作陶板之類的平面器形時，則可直接使用刷釉法。

②用筆或刷子沾上釉漿，直接塗抹器表需上釉處，但沾釉時要注意沾濕的飽和度，以免不足造成釉面留有刷紋，或是釉漿過多滴至其他部份。

(D)噴釉法：

將要施釉的陶坯，置於轉盤之上，施釉者在邊規律性的轉動轉盤時，邊以噴霧器將釉漿直接噴射於陶坯上的方法，即是噴釉法。

噴霧器的種類甚多，從清代陶匠所使用的口吹或手堆式，直到現代陶藝家所使用燙衣時噴水器作為代替品者，均可視為噴霧器，但在一般工廠，多是直接使用噴槍。

噴槍是以空氣壓縮機為動力，將噴槍壺內的釉漿噴出，由於噴力很強，所以施釉者在上釉時，應該準備抽風機，抽去四散的釉塵，以免污染環境或被工作者吸入體內。此外，置於

△ 噴釉機的操作情形

▽ 吹釉重疊的渲染變化

▽ 黏貼之後浸釉，再將所黏的花紋撕去

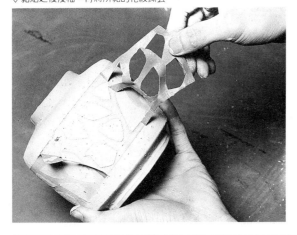

△釉下彩的各種顏料

噴槍壺內的釉漿，其所使用的釉藥，需事先經過小心碾磨或過濾，以免阻塞噴槍；而用過的噴槍，也必需充分加以洗滌和檢查，以利下次的使用。

八、現成的釉藥

在陶藝盛行的歐、美各國及日本，欲習陶者可以很容易的在材料供應店中買到各種不同溫度和顏色的釉藥。目前在台灣也可以買到一些現成的釉藥，但種類不很多。

使用現成的釉藥，固然可以省去備置釉料和調配的麻煩，但是自己所調製出的釉藥，可以創造出具有獨特風格的釉色，並可在調製過程中，獲得創造的樂趣。而自己研究釉藥的捷徑，不外乎多看專門的書籍，把作者的經驗做為自己練習的基礎，但還有更重要的方法，就是必須除去「密方」的觀念，時常與同好交換配方或經驗心得，日久累積下來的成果，必然可觀。

一般商業性的釉藥原料，讀者可以從本書的附錄中找出化工原料商的名單，詢問各式的釉料和原料。大部份原料商並不提供小量的陶藝用材料，因此，在購買之前不妨先詢問同好，以便合購。本地的原料商和陶藝用品器材商均備有目錄，也有進口的特殊材料，端視自己的需要和能力，來決定所要購買的材料種類。

△各種上釉完成的作品

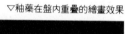

▽釉藥在盤內重疊的繪畫效果

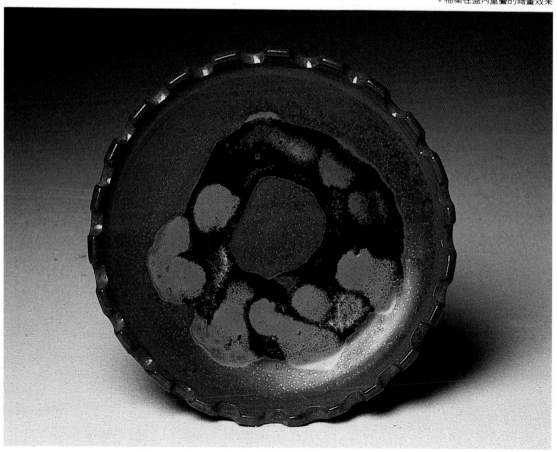

△青瓷輪花洗　12～13世紀　龍泉窯　日本　中村紀念美術館

▽青花蓮池魚藻紋壺　元　高27.2公分

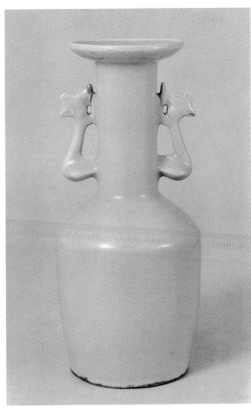

△青瓷鳳凰耳瓶　12～13世紀　龍泉窯

▽青花雙鳳草蟲圖八角瓶　元　高45公分　東京松岡美術館

▽釉裏紅三魚大盌　明(成化窯)　高9.2公分　國立故宮博物院

△琺瑯彩梅樹圖碟　清(雍正款)　口徑17.3公分　東京國立博物館

△粉彩牡丹紋大壺　清(雍正款)　高51.4公分　東京國立博物館

▽寶石紅僧帽壺　明(宣德窯)　高19.2公分　國立故宮博物院

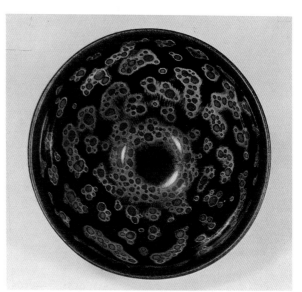

△曜變烏金釉茶碗　12～13世紀　建窯　日本藤田美術館

▽葉片烏金釉茶碗　12～13世紀　吉州窯

△玳瑁烏金釉茶碗　12～13世紀　吉州窰

▽油滴烏金釉茶碗　12～13世紀　建窰　日本　安宅藏品
這種銀色的斑點和上圖中金色塊斑一樣，都是鐵的結晶效果

九、中國名釉的欣賞

1. 青瓷

青瓷是中國最早出現的瓷器，發展與延續的時間最長，窰場的分布也最廣。原始青瓷的出現，始於商代中期，高峯時期在南宋，延至清代亦有佳績。青瓷之優美有如玉石，是鐵在還原焰中燒成的極品，色澤溫潤而剔透。

2. 青花（釉下彩）

鈷釉的使用，早在唐朝器物上已現端倪，但是青花器的普遍出現，則是在元朝，而於明朝達到巔峯。

其方法是用鈷土礦研細成着色料，繪畫於白色瓷坯上，後再覆以透明釉高溫燒成，這種白地藍花、優雅大方的釉下彩藝品，結合了精良的白瓷技術和充滿民間生活的裝飾性，繼青瓷之後，把中國陶瓷的成就更推進了一步。

3. 銅紅

銅紅始於宋代的鈞窰紅釉，繼之是元代的釉裡紅，直到明朝永樂年間才出現純粹鮮紅的銅紅釉器，這種有如紅寶石般的釉色有許多名稱：寶石紅、祭紅、霽紅、牛血紅、雞血紅、郎紅等均是。銅紅釉是在還原狀態之下燒成的，十分困難，傳世的精品並不多。

4. 烏金釉

黑釉早於漢代已有出現，遍及中國南北各窰場，這種黑釉器一直流傳在歷代的民間器皿中，而少及於官方。在黑釉器中出名的當數宋代福建建陽窰的烏金黑釉，和吉州窰的作品，大多是當地的泥漿釉的一種。兎毫盞、油滴、玳瑁盞、葉紋烏金等，均是黑釉器的極品。

5. 釉上彩

施彩繪於陶器器表的裝飾概念，可溯及新石器時代晚期的仰韶文化，戰國、漢朝開始用綠、褐兩種色釉裝飾器表，唐朝出現藍釉，發展出三彩器，到金代紅、綠彩的出現，將色釉筆繪於底釉之上，可說是製作上的新觀念。歷經明代的青花五彩到清代而大爲豐富，有五彩、粉彩、鬪彩、琺瑯彩、素三彩等類。

一般所謂的釉上彩是在已經高溫燒成的坯體上，繪以低溫釉的圖形，再一次以低溫燒成，我們在市面上看到的許多碗盤上鮮艷的花飾，多屬此類。

6. 結晶釉

一般而言，結晶釉有二種系統，一種是微小的隱晶，造成釉面無光或半無光的情形。另一種是大形的結晶體，在器表結出眼睛可見的結晶，有如傘狀的花朵，非常明亮華麗。主要的結晶成份大多是利用氧化鋅和氧化鈦於釉中所造成，其眩麗奪目的光彩是近代令人注目的技法之一。

《第五章》 **燒成**

第五章　燒成

黏土所做成的器物，必須經過火的「烤」驗才能成陶，才會更堅實、緻密；因此，燒成可說是製作陶瓷的最後步驟，對每一位做陶的人來說，燒窯時常有「成敗在此一舉」的感覺。燒成的結果若極為成功，固然是值得高興的事；假使失敗，也不妨將它視為一次可貴的經驗，供做下次燒窯的參考。事實上，我國許多的陶瓷名品，都是善於運用失敗的經驗，從錯誤中創造出令人矚目的美感，如冰裂紋、蟹爪紋、和哥窯器……等，都是從釉或燒成的失誤中，所醞釀出的新器。

一、窯

窯是燒製陶瓷時的必要設備，窯爐的改進史與陶瓷的發展史，有著密不可分的關係。

在人類剛開始懂得製陶的時候，並沒有所謂「窯」的問題。當時的製作手法，僅是將已經乾燥的土坯，放進淺坑內，外面堆上乾草、木材做為燃料，即可點火燒製了。這種燒陶的方法，由於熱量不斷外散，只能燒成低溫的土器。後來，經過長久經驗的累積，人們知道該用草皮或黏土，把待燒的器物封閉起來，並改從底部加熱，便可以燒出較堅硬的器物，而原始的窯，也就從此產生了。

再經過數千年來，陶匠們的不斷研究、改進，尤其近年來，新的能源和耐火材料的廣被使用，多種配備和儀器的發明，使窯爐的種類日漸增多。而窯的分類，若是依火焰的性質而言，有直焰式、倒焰式、橫焰式三種；若是以燃料的不同來區分，則有：木柴窯、煤炭窯、重油窯、瓦斯窯和電窯等；然而現代燒製陶瓷器所用的窯，又可概分成間歇窯和連續窯兩大類，但這兩種窯類中的某些窯，是屬於工業生產和精密科技的範疇，所以，在此並不多加敘述。一般來說，我們在談到窯的分類時，多是採用以燃料性質為區分的方式。

目前，在國內的作陶者，所較普遍採用的窯，是電窯和瓦斯窯。對初學者來說，電窯應是最為實用者；因為，它和瓦斯窯相較，有下列數項優點：(a)衛生安全、(b)操作簡便、(c)不佔空間、(d)溫度均勻、(e)保養容易。

二、窯的設備

一般的窯，除了窯室本身之外，尚有一些附屬的設備，如：測定儀器和窯架等等，至於它們的大小和所使用的素材，則是由窯的種類和燒成性質而定了。

(一)測定儀器

在早期的燒窯過程中，陶匠並未使用任何可以測試窯內火溫的儀器；除了用鐵鈎自窯中鈎出試片來觀察外，其餘的，就完全靠老師傅的一雙眼來做判斷。今日，由於科學的發展，在窯室上，不但普遍附有電錶、測溫錐與輔助測溫工具；有的窯甚至還附有電子的測定儀器和全自動的電腦裝置。

但是，目前一般作陶者所常使用的電窯，並未附有如此多的設備，最廣被使用的測定儀器，仍然是測溫錐。測溫錐是一組系列性的合成釉藥，依所能指示出的燒成溫度，而有不同

的編號（參見附錄）。在使用時，將此錐插在耐火底盤上，使其與底盤面呈 80°斜度，置於欲測溫、且能由窺視孔中觀察到的地方。一般的測試，都是使用三支測溫錐，以居中者為標準溫度；當溫度到達測溫錐所代表的溫度時，溫錐會彎曲而下垂。

如果作陶者是使用電錶或其他的儀器，來測定窯溫時，最好還是同時使用溫錐來協助測試，減少誤差。

▽測試窯內溫度的測溫錐

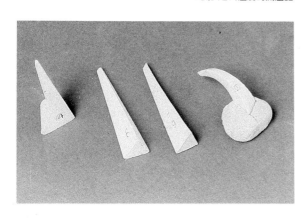

(二)耐火材料

屬於窯室採用的各種耐火材料有石綿、耐火板（矽板）、支架、耐火磚等。它們的規格尺寸，依窯的大小而定；它們的性質（密度、承重度……），則因燒製溫度（耐火強度）、和燒法的不同，而有所區別。

三、燒製

陶瓷的燒製，常因需要的不同，而有不同的燒法和次數。先以燒法而言，有氧化燒（O.F.）、還原燒（R.F.）兩種。氧化燒即是在燒製過程中，窯室內一直都有充分的氧氣燃燒，直至完成，電燒即屬此類燒法（因電窯沒有火焰）。還原燒，是當窯內溫度上升至 900°C 之後（此溫度是依一般狀況而定），開始減少窯內的氧氣，使窯中產生缺氧的情形，導致火焰需從坯體或釉中尋找可供繼續燃燒的氧氣，使釉中的氧化金屬改變性質，因而呈色的效果，也隨之改變。

燒製的次數，則與成本和經濟相關，許多陶瓷工廠為了節省成本，多採一次燒成法；若是繪有釉上彩的瓷器，則需二次以上的燒製，才得以完成。至於，本節所介紹的燒製法，則是以先素燒後釉燒的兩次燒成法，和氧化燒為主。

(一)素燒

素燒是將已乾燥的坯體，入窯燒至 900°C 左右，使坯體變得較堅固，遇到水分，也不易受損；而且素燒過的坯，會比土坯更具有吸水性，較利於上釉。素燒的一般處理程序如下：

1. 裝窯法

素燒的裝窯法，常依窯的大小和種類而有所不同；大型的窯，需要用耐火板和支架隔成數層。由於素燒時的坯，不會相黏，因此可以儘量的利用窯內空間，使坯體重疊、直立或者斜立。大體而言，平面的物品，以直立或斜放的姿勢為佳，較厚的坯體，其承受力較佳，上面可以再堆疊小件物品，但在堆疊時，必需注意到不可密封或緊套，要留供空氣通過的孔道。

2.素燒法

土坯在陰乾後，仍會含有約重量4％的水份；所以，在入窰素燒時，須先用小火烘烤，使所含的水份能完全蒸發，而烘烤所需的時間，與坯體的厚薄成正比。否則在溫度上升時，因水份從坯體中急速的散發，會造成坯體的碎裂或爆炸。等溫度徐徐上升至200°C時，水份才完全的脫離坯體；但此時坯體中仍含有結晶水（化學水），它們大約在350°C～400°C之間，會完全的散發掉。當溫度燒至550°C～600°C時，便是土中石英的膨脹期了，此時溫度的上升不可太快。俟升溫至800°C～900°C時，最好能保持恆溫（即不改變溫度）30～40分鐘，使坯體中的碳素能完全燒去。

3.注意事項

素燒在冷却時，若降溫太快，坯體上會發生隙裂的情形；排窰時，若太靠近火焰、或接觸到電熱線時，由於溫度的不均，也會導致坯體的開裂。大致而言，素燒的升溫不可太快，尤其在500°C前段坯體還未紅熱時，須慢火烘焙。

(二)釉燒

素燒後的坯體，等施釉後，再進窰燒成的過程，稱之為釉燒。而釉燒的溫度，則視釉的種類、和其它的配合條件而定，例如：土器需燒至950°C～1100°C，缸器為1100°C～1200°C，硬質陶器為1180°C～1280°C，瓷器為1300°C～1400°C，高鋁器為1650°C～1850°C；但若是坯體的土質有所不同時，燒成溫度，便要隨著改變。

▽風乾後等待入窰素燒的器物

▽先將大件直立物品置入窰內

▽再覓空隙處，置入其它小件作品

1. 裝窯法

由於釉藥在高溫中，會熔化成液態；所以在裝窯時，不可重疊擺置或是兩兩相接。而裝窯的方式，對燒成時的溫度以及窯內的氣氛，都有很大的影響。因為熱氣會上升的緣故，所以需溫較低的器物，應裝置在下窯；而在下窯的排窯也不可太密，以免妨礙到熱氣的上升。但這也要看窯的構造和性質而定，每個窯都有其獨特的性質，就算是燒窯的熟手，在碰到新窯時，也不一定會有十成的把握；所以一個窯的窯性，是靠多次的經驗累積，才會完全的熟稔，而每次燒窯後，做一份詳細的燒窯記錄，應是幫助檢討的最好方法。

2. 燒窯法

經過素燒的坯體，質地已經較為堅固，因此在第二次燒時，升溫的速度可以加快，但在前期時仍不可太快（參照圖表）。要等溫度上升超過紅熱時，才可使溫度加快。在高溫時，黏土中的粒子開始發生變化，變得堅硬、緊密、不透水，這種現象我們稱為「瓷化」，隨之也會產生收縮的現象。瓷化現象的發生，因土質的不同而異，紅磚土約在1000°C，而高溫瓷土則要到1400°C左右。也有許多的製品，並未燒至瓷化，僅是靠釉藥的效果使得表面光亮。當溫度燒到所界定的範圍時，就應開始視情況所需，維持約半小時至一小時之間的恆溫（拖火），其目的在於使坯體的熱度能維持均勻，釉藥的熔解也能較徹底。

3. 注意事項

在燒成後，若是冷卻太快，會使坯體因急驟收縮而變形或破裂；在燒製階段中，若升溫

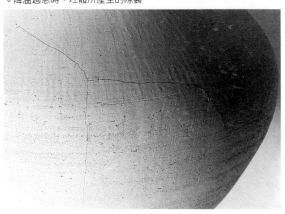

▽降溫過急時，坯體所產生的隙裂

▽由於大型窯內可用耐火板和支架隔成數層，故能放置較多的器皿

釉燒1250℃
素燒900℃

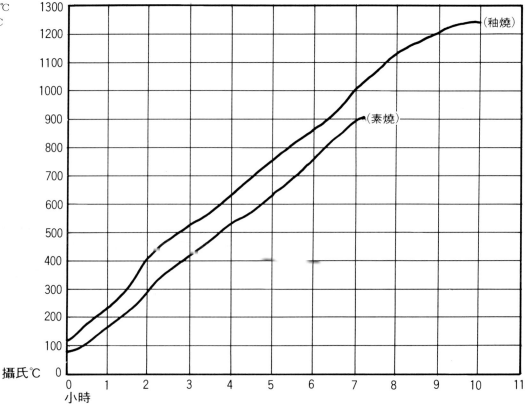

太快，會使土中的有機物質因為來不及揮發，而殘留於坯體內，導致起泡的現象。開窯的時間，要等溫度下降到100°C之後，才可以取出成品，若是太早開窯導致冷却太快，也會產生坯裂或釉裂的情形。

四、一些簡單的窯和燒法

(一)電窯

電窯的升溫原理是靠電阻發熱，小型的電窯，往往裝有兩、三道開關，窯面積增大時，開關也會隨著增加；當我們打開開關時，電爐內即會因輻射熱產生升溫，窯內並沒火焰，所以燒成的過程較為乾淨。電窯的種類，在形式上有箱門式和拉蓋式兩種。對初學燒窯者而言，運用小型電窯燒製器物，是種相當適宜的方式，它的燒製過程如下：

①在燒窯前期的烘焙階段，僅需開一道開關（底爐絲者），並將窯門留置一條約3公分的細縫，以利器物坯體內的水分散發。

②當窯溫升至400°C以後，將窯門關上。

③俟窯溫升至500°C時，再開第二道開關，一直燒至所要的溫度。若有第三道開關，則要等到700°C以後，再開啓該開關。

④燒到所需溫度後，控制第三（或第二）開關，使保持恆溫20～30分鐘左右，再完全熄火。

⑤熄火後，把窯門儘量封緊，直到溫度自然下降到100°C以下，才可開窯啓物。

若是燒製過程中，發生升溫太快的情形，可以試著將窯門開一小縫。目前的一般小型電窯，都有自動開關和溫度設定裝置，在使用上應是相當方便。

▷ 小型電窯

◁ 排窯的情形

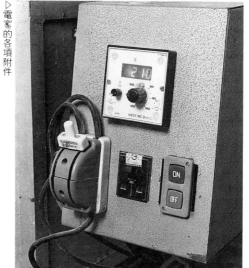

▷ 電窯的各項附件

◁ 釉燒完成後，出窯的情形

▷ 升溫速度不妥，所造成的坯體裂痕

樂燒的製作

1 將素燒好且上過釉的坯體置於耐火磚
　　所搭好的台架上

2 罩上石棉鐵網

6 燒窯的情況

7 燒好時,先取下蓋子與鐵網罩子

8 同時,準備一大鐵桶,
　　內部置滿撕好的紙張

(二)樂燒(RAKU)

　　樂燒之名,源於日本。它是一種低溫燒窯法,其特色在於:燒成快速、釉面亮麗且富變化、甚具裝飾效果。由於是低溫釉器,所以在釉中多用鉛來做爲助熔劑(配方,請參見釉藥部份第126頁)。其燒法種類甚多,茲舉二例如下:

　　(a)將素燒好、上過釉的坯體乾燥後,置於電窯中,加熱至900℃左右,打開窯門,用火鉗挾出器物,再放入事先準備好的鐵桶中,約經過20～30分鐘的冷却後(可先取出試片來觀察情況),再將器物取出。由於器物在從窯中燒成、取出的過程中,會經歷到急熱與急冷,因此在選用成坯的土料時,應採用較粗的土,或是在土中添加熟料(匣缽粉)亦可。

　　(b)石棉製的瓦斯樂燒窯:這種樂燒窯,完全

③ 器物的高度應低於鐵網的高度

④ 放好蓋子

⑤ 蓋子上壓耐火磚，並從觀火口處引火

⑨ 將燒好的器皿挾入鐵桶，器皿的餘溫將引燃紙張

⑩ 樂燒作品往往帶有奇異美妙的金屬般光澤

⑪ 樂燒作品

可以由自己製造，它的方法是：先在鐵絲網內敷上一層約 3 公分以上厚度的石棉，做為窯室；窯底則堆疊耐火磚，並加裝瓦斯火嘴即可。

裝窯後，點小火烘燒；逐漸的加大火勢，待坯體紅熱時，再加大火力；燒成的程度則視釉的熔融程度而定。

熄火後，將石棉網掀起，以火鉗挾起器物放入事先準備好的鐵桶內，桶內置有木屑或碎報紙，熱坯會使這些物質燃燒並產生還原效果；此時，應於坯體擱置好後，立即將鐵桶蓋蓋上，等冷却後，再取出桶內的器物。

樂燒的燒法中，還有一種是將紅熱的坯體，直接投入水中者。但運用此法的坯體土料，需經過特別的調製，使其能適於急冷。樂燒是一種危險性較高的燒製法，必需有良好的防熱

木屑燻燒的製作

① 用磚塊堆製成方形的窯室

② 底磚上先撒一層土灰，再舖撒木屑

⑥ 火勢悶燒著木屑，形成濃煙而無火苗

⑦ 木屑燒成灰燼的情形

⑧ 挾出作品

設備，也要有謹慎、細密的事先安排，才不致發生意外。

(三)木屑燻燒

這也是種低溫的燒製法，所以燒成器的實用性不大，可燒成的器形也不大。但是這種燒法，所燻出的黑色陶器，深具粗獷、原始的趣味，加上燒法簡便，因此，也是頗受作陶者所喜愛的一種燒製法。

要採用木屑燻燒法之前，需先找到一塊適合搭窯的空地，窯的構築法，是用磚塊或石塊堆製成方形或圓形的窯室，窯壁間稍留一些小的孔隙，以供通風。在窯底先撒下一層木屑，而後將坯體置入，再撒些木屑，掩蓋住坯體的內、外部；如此，可依窯的高度，放置數層器物；然後再用舊報紙覆於最上層，點火燃燒之

後，最好不要燒出火焰，因為火焰的溫度高且不均勻，易使坯體破裂。保持著燻燒的方式，直至木屑燻盡，即已完成。

燒製的時間，取決於窯的大小，一般情況約是六至八小時即可。窯不宜建得過大，否則不但增長了燒製的時間，燒成效果也會不佳。

(四)木炭窯

這種窯的築窯材料簡易、花費不多，加上溫度不高，危險性不大，又不佔空間，在自家的庭院、簷下、走廊處都可燒製，它的燒法也相當的方便，大致的程序如下：

①先準備好大小不等的兩個鐵桶，小桶置於大桶之內，兩桶之間相距約十公分，以便放置木炭。

②外桶的桶壁上，在每間隔十公分處，用粗

③將待燒器皿置於木屑之上　④將木屑撒滿並蓋住器皿後，再堆疊廢紙　⑤點燃廢紙

▷燻燒後帶有古拙風味的現代作品
▽燻燒作品

木炭窯的製作

① 將器皿置於內桶，放入大桶後，內外桶間塞入木炭

② 分別蓋上內外桶的蓋了

◁ 運用木炭窯所燒出的作品

鐵釘或電鑽鑽洞，以利空氣進入、幫助燃
燒；蓋子和底部也用同樣的手法鑽洞。

③ 內桶可以不必開洞，但在蓋子部份，還是
必須鑿有透氣孔，使水氣便於發散。

④ 疊疊磚塊將桶架高，再於底部放置木炭。
點火燃燒，如同在郊外野炊的形式，火即
會順勢往桶內燒。

⑤ 燒成時間及溫度，需視桶的大小而定；例

③由下部點火　　　④火勢由下往上，將大桶內的木炭引燃　　　⑤燒成時，依序取下外、內桶蓋，再挾出器皿

⑥燒成後，再塗上顏料的作品

如，用大的奶粉罐做內桶，十公斤裝沙拉
油的方形桶做外桶而言，約需燒 4 小時，
溫度約 700°C。

若是想在器表，製造出較豐富的色彩時，

可直接用水彩顏料在器表塗繪，等水彩乾後，
再塗敷上透明漆、或十倍水稀釋的白色樹脂，
會有相當不錯的裝飾效果。

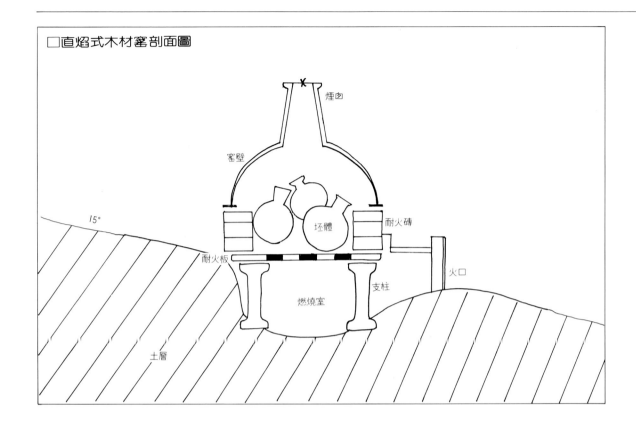

□直焰式木材窯剖面圖

煙囱

窯壁

坏體

耐火磚

耐火板

火口

支柱

燃燒室

土層

15°

(五)小型土窯

1. 自製的小型直焰式木柴窯

　　這種窯的搭建，較需空間，最好是在野外尋一斜坡地，先掘出一個坑口，再用磚塊堆建底部及燃燒室，然後用泥土加上第一層窯壁（見解剖圖），此層，最好先素燒一次。等裝窯完畢時，再套上第二層，外面敷上一層泥土或草皮，可有保溫作用。

　　燒製前期，用小枝木柴烘焙，烘焙的時間視坏體的濕度而定，等到沒有水氣時，再將烟囱套上，漸漸加火至坏體呈現紅熱狀時，方可加速火力升溫，直到燒成。若是燒時的保溫效果良好，這種燒法還是可以燒到相當高的溫度。但是，在使用這種燒製法時，必需練習用眼睛來觀察溫度，靠經驗來判斷火色。

2. 坑窯

　　在地面挖一穴狀坑後，先在底部鋪上一層乾沙，再放入木板、碎木片、或乾樹枝……等燃料，並置入土坏。坏體之上，再覆蓋些較多的燃料。燃燒時，從上面點火，漸向下逼熱；俟燃燒將盡時，用乾土沙敷蓋坏體，使溫度下降的速率稍緩。坏體在置入坑窯前，可先灑些氧化金屬粉，燒製後，器表將產生特別的效果。

3. 非洲土窯

　　這種燒窯法，無論是建窯或燒法，均極簡便，所以直至今日，仍廣為非洲土著所採用。它的方法是在地面上，挖一淺坑，坑內鋪上一層小石子，石子上再鋪層樹枝，隨後置上土坏，坏上敷蓋乾草皮，並再堆置木柴或樹枝，點火燃燒即可。

　　以上所述及的小型土窯，是在野外、或空地上所自行架構的一種燒成方式，其燒成率較低，坏體亦不宜太厚、太大，但燒製過程中，頗具趣味性；後兩種的燒成時間較短，是作陶者為追求不同質感時，值得嘗試的方法。

△搭建小型直焰式木柴窯時，先掘一坑口，
　再用磚塊堆建底部及燃燒室

△在野外搭建柴窯，
　可充分享受野外做陶的樂趣
▷穴窯的剖面圖
▷非洲土窯的剖面圖
▽柴窯作品

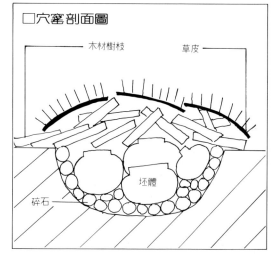

□穴窯剖面圖

木材樹枝　　　　　草皮

坏體

碎石

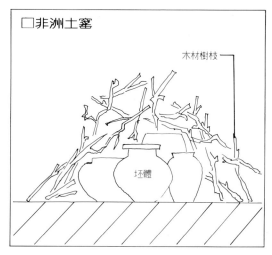

□非洲土窯

木材樹枝

坏體

附錄(一)
陶藝與生活

雖然世界上的現代陶藝，已隱然分成下列兩大主流：一是在各民族傳統的技藝上再創新意，但仍以使用機能為造形中心的傳統陶藝；一則是完全摒棄使用的機能性，強調該與現代美術潮流緊密結合的前衛陶藝，且純以造形表現為主。但這兩大主流的陶藝家所追求的鵠的，却是不約而同的，要與生活結合。前者是研究如何在傳統製陶技術上，將現代的感性融鑄進日常作品，在實用器中開拓陶藝的新境界；後者則是在土與火的表現媒材上，尋思苦慮的塑造出現代人的七情六慾、生的掙扎與苦悶……等不易言宣的內心糾結。

因此，對習陶者而言，在考慮採用那種表現手法之前，不妨先考慮究竟是何種表現形式，最能契合自己心中的創作意念，並如何加強技巧的熟練度，使技巧能完全無誤的詮釋出心中的意念。例如日本著名的陶藝家加守田章二的作品，雖是可供使用的生活性器皿，但他在單純的造形上，施以傳統的象嵌、雕紋的技法，使造形與線條結合，創造出既具古典的雅緻，又兼具強烈現代感的風格。類似的例子，並不在少數，讀者可多參閱陶藝作品集，對自己的創作意念，也會收觸類旁通的效果。

陶瓷器是中華民族工藝的偉大成就，其發展有一貫的系統，不僅歷史悠久，而且產地很廣，從史前以迄近代，未曾中斷，每代都有佳作，各地互展所長，且能代表每一個時代及地域的風尚和文化。這些深厚的基礎，在近百年來政局的改變及非陶瓷製品的進入市場技術失傳等各種因素的影響下，已日漸衰微。所幸近幾年來，政府及民間陶藝工作者已積極的尋求倡導之道，如各種大小陶藝展覽，陶藝教室的設立等，使得作陶人口及欣賞者不斷的增加，陶藝活動又逐漸的蓬勃起來，陶藝作品也再度受到社會大眾的關注，並逐漸的走入家庭之中。

從陶瓷作品的實用性來說，由於陶瓷作品

陶藝作品在樓梯間的應用

大多是立體造形，故而它也是最能與我們日常生活空間相配合的藝術媒體之一；加上陶瓷作品除了造形之外，還有豐富的釉彩，能使室內增色不少，使室內空間發揮出最好的機能與作用。

　　陶瓷作品在住宅的使用相當廣泛，從庭院的花盆、客廳的茶具、烟灰缸、花瓶、壁飾，以至餐廳的餐具、臥室的枱灯、枕頭、乃至厨房浴室等地方，都是陶瓷器可以發揮的場所，尤其餐廳是用到陶瓷器最多的地方，因為陶瓷器的發展，原本就和人類的飲器、食器和容器有關。至於其色彩與造形的搭配，就存乎作者的運用之妙了。

　　綜合前述的各項成形手法，可知陶的成形可謂變化極多，至於運用之妙，便存於作陶者的美感之中了。

陶藝作品在客廳的應用

陶藝作品在餐廳的應用

陶藝作品在臥室的應用

附錄㈡　陶藝設備

1. 儲土箱、練土機
2. 拉坯轆轤、手動轉枱
3. 陶板機
4. 基本工具(木刀、刮刀、修坯刀、針、線、海綿……)
5. 工作桌、椅、石膏板、修坯槽
6. 乾燥架、置物架
7. 釉藥櫃、釉桶、過濾機、球磨機
8. 上釉工具(刷、鈎……)、空壓機、噴釉機
9. 電窰、耐火板、支栓、耐火磚、消防設備、火鉗、手套

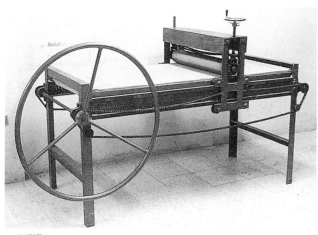

△土板機
▽練土機

▽陰乾架

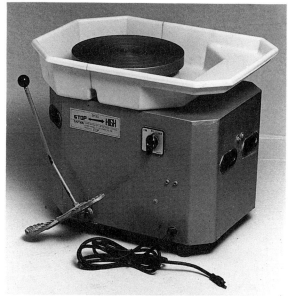

◁脚踢轆轤
▽電動轆轤

▽耐火板、角架

▽電窰

▽轉盤

▽石膏板

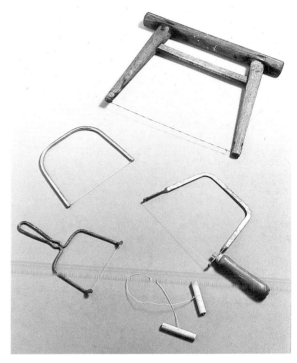

▷切割線
▽度量工具

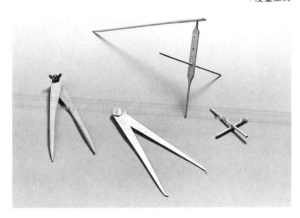

▽上釉工具　▽塑造工具

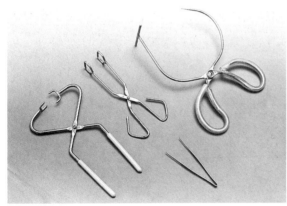

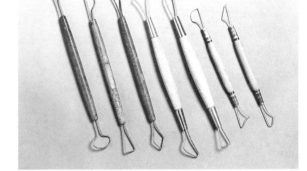

▽各種鉗子　▽修坯刀

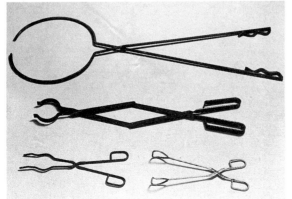

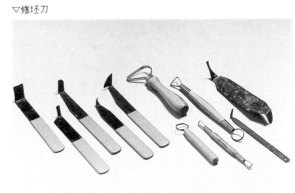

▽塑造工具　▽攪拌工具

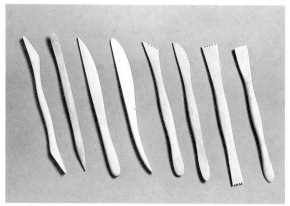
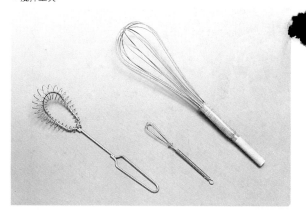

▽拉坯工具　▽石棉手套

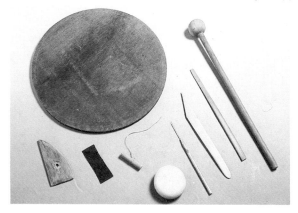

▽刷子和筆　▽棉手套

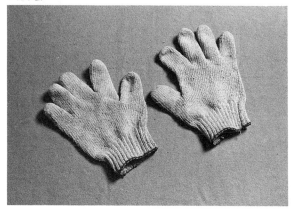

△噴霧器及裝水盆子
▽噴槍和橡皮擠管

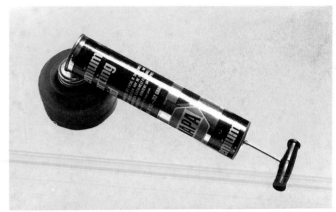

△手推噴霧器

◁ 各種口徑的管子
▽ 篩網

附錄(三)　陶藝器材銷售

《台北》台北陶坊　美國陶土、陶藝器材　台北市雙城街18巷12號2F　Tel:2595-2164　Fax:2586-2725

昕美公司　窯業原料　台北市光復南路240巷41號3F　Tel:2771-6532~3

洽泰貿易公司　窯業原料、釉藥　台北市辛亥路二段113號2F　Tel:2735-2075

高嶺公司　陶藝設備　台北市民權東路三段106巷3弄24號　Tel:2713-2972　Fax:2718-2408

富億公司　陶藝設備・工具　台北市民權東路三段170號5F　Tel:2712-3331　Fax:2712-1658

鴻昇爐業公司　電窯　台北市內湖區東湖路113巷49弄46號2F　Tel:2631-1296　Fax:2631-5718

藝戀美術公司　陶藝工具　台北市環山路一段59巷3弄10號　Tel:2797-7394　Fax:2799-2185

《鶯歌》中美企業社　陶藝機械　台北縣鶯歌鎮中正三路135號　Tel:2678-4649　Fax:2677-2450

鈦鴻益公司　窯業機械　台北縣鶯歌鎮永和街239號　Tel:2670-6015　Fax:2678-1791

晉弘企業社　拉坯機　台北縣鶯歌鎮中正一路建德巷42號　Tel:2679-4910

亞新企業社　窯業器具　台北縣鶯歌鎮西湖街6-2號　Tel:2670-1133　Fax:2678-0586

黔東公司　陶土　台北縣鶯歌鎮建國路436巷2弄29號　Tel:2679-4319

太麟化工　陶磁原料　台北縣鶯歌鎮建國路393號　Tel:2679-3553　Fax:2670-6372

《苗栗》美美企業　陶土　苗栗縣後龍鎮東明里頂浮尾79-4號　Tel:(037)432-200

《台中》正瀛化工　窯業原料、機械　台中市自由路三段280號　Tel:(04)2211-1196~8　Fax:(04)2211-5359

偉禾有限公司　陶藝機械　台中縣太平市太平路265-1巷98巷2-1號　Tel:(04)2275-2786　Fax:(04)2275-2796

一成陶器　陶土　台中縣外埔鄉大東村大馬路211號　Tel:(04)2687-2363

附錄(四)陶藝教室

名　　稱	地　　　　址	電　　話	負　責　人
岡山陶房	台北市忠孝東路四段216巷33弄18號	(02) 2778-1409	初陳勇
古采工作坊	台北市八德路四段495號1樓	(02) 2762-1232	林昭慶
台北陶藝創作坊	台北市忠孝東路四段341號3樓之1	(02) 2773-9168	陳淑惠
陶林陶藝工作室	台北市中山北路二段115號38號	(02) 2542-2054	林珠如、謝學昇
台北陶坊	台北市雙城街18巷12號2樓	(02) 2595-2164	李亮一
親子手拉坯	台北市松江路194巷30號1樓	(02) 2563-9468	黃春貴
吉吉陶藝工作室	台北市景美區興隆路一段88號4樓	(02) 2931-5021	林振吉
紅谷工作室	台北市和平東路三段樂業街12號	(02) 2733-9214	廖運鴻
陶藝後援會---生活館	台北市復興北路313巷6號	(02) 2717-4275	洪興文
生活陶房	台北市北投區大業路65巷1弄10號	(02) 2893-0515	蔡孝如、徐明穆
徐兆煜工作室	台北市北投區公館路137巷10弄2號	(02) 2893-6055	徐兆煜
彩陶文化	台北市北投區中央南路一段97號	(02) 2897-1666	傅宏仁
葆眞齋	台北市內湖區成功路四段223巷7號	(02) 2792-8924	林家華、白麗瑛
泥園陶藝工作室	台北縣板橋市海山路21巷3號	(02) 2962-3298	李順孝
曾冠錄陶瓷工作室	台北縣新莊市中正路育農巷11之3號	(02) 2992-1482	曾冠錄
朱莉的店	台北縣中和市自強路6號1樓	(02) 2947-1019	朱莉
陶砌陶藝工作室	台北縣永和市福和路10巷15號1樓	(02) 2231-8994	曾泰洋、黃玉英
古川子工作坊	台北縣中和市興南路二段159巷13號14樓	(02) 2948-3121	古川子
板橋陶藝教室	台北縣中和市國光街112巷24弄8號	(02) 2958-5484	胡宜卿
谷垚陶坊	台北縣三芝鄉圓山村石曹子坑64-11號	(02) 2637-2300	谷源滔
春陽陶藝工作室	台北縣蘆洲鄉信義路319巷8號3樓	(02) 2283-1209	陽文濱
新旺陶藝廣場	台北縣鶯歌鎮尖山埔路81號	(02) 2678-9571	謝宇明
鶯歌陶藝專業玩陶教室	台北縣鶯歌鎮中山路125號	(02) 2678-3273	邱塘清
台華陶藝研習中心	台北縣鶯歌鎮中正一路426～434號	(02) 2678-0000	呂兆炘
釉之華聯合創作陶坊	桃園市成功路二段27號地下樓	(03) 338-8682	黃永全
拾泥陶舍	桃園縣中壢市元化路125巷13-1號	(03) 425-0929	洪麗明
陶禪窯	桃園縣中壢市龍岡路226巷21號	(03) 457-2697	蔡鯤生
華寧坊群體工作室	桃園縣蘆竹鄉大竹村忠孝街9號	(03) 323-6404	陳明裕
粗坑窯耕泥人工作室	桃園縣龍潭鄉高平村粗坑2鄰15號之2	(03) 471-9010	朱義成
北埔窯	新竹縣北埔鄉北埔街6號	(03) 580-3157	廖禮光、洪素貞
華陶窯	苗栗縣苑里鎮南勢里31號	(037) 743-611～2	陳玉秀
馬龍陶藝中心	台中市太原八街82～3號	(04) 2295-2717	林中文
長石陶藝工作室	台中市大昌街191號	(04) 2384-5579	廖國顯

61陶塑空間	台中市西屯區福泰街67號	(04) 2462-8818	張美華
美陶林工作坊	台中南區工學路126巷36號3樓之2	(04) 2265-4200	陳嘉伶、林致彰
有我陶工作室	台中縣豐原市成功路120巷44號	(04) 2526-6458	史嘉祥、楊美玲
陶工坊	台中縣龍井鄉遊園北路549巷1弄3號	(04) 2632-5986	王惠仁
銓美陶坊	台中縣沙鹿鎮斗抵里斗潭路247號	(04) 2635-3556	陳維銓
采陶里	台中縣潭子鄉潭興路一段浦底巷3號	(04) 2536-4673	吳水沂
陽雲居	台中市大墩十街169巷1號	(04) 2319-3603	陳朝華
水里蛇窯陶藝文化園區	南投縣水里鄉頂崁村41號	(049) 277-0967	林國隆
添興窯陶藝中心	南投縣集集鄉田寮里楓林巷10號	(049) 278-1130	林清河
生活創意陶坊	嘉義市南興路163號	(05) 225-7216	王文南、王燈煌
悅陶工坊	嘉義市融和街19-1號	(05) 275-0899	羅捏仁
大手小足陶藝教室	嘉義市國誠三街16號	(05) 233-6878	林震、范先玲
春輝陶坊	嘉義市興仁街97號3樓之4	(05) 230-3562	林春輝
老土的藝術	雲林縣崙背鄉南光路99巷14號	(05) 696-7973	李明松
圭窯個人工作室	台南市公園路295巷9號	(06) 229-0623	陳威恩
迴窯陶藝工作坊	台南市東寧路120巷7號	(06) 208-5021	陳威德
泥陶坊	台南市南門路159號之1（2樓）	(06) 229-2324	郭維正
鄉逸陶窯	台南縣西港鄉劉厝村63～12號	(06) 795-4290	王昭閔、施俊宇
斝陶坊	台南縣永康市民族路181巷3弄17號	(06) 271-5325	李文信、李純眞
岡山陶房藝術事業	高雄市新興區南海街20號	(07) 226-1028	宮重章
東寰窯	高雄市楠梓區旗楠路長安巷2～4號	(07) 353-0303	許文郁、林瑞卿
陳素月陶藝工作室	高雄市前金區仁義街271號	(07) 241-6096	陳素月
硯茶齋陶藝工作室	高雄市苓雅區泰豐街9巷6號	(07) 222-2960	郭文昌
景陶坊	高雄市苓雅區武廟路184號	(07) 771-8002	謝金鐘、江淑清
高雄陶砌	高雄市鼓山區華豐街45巷1號	(07) 588-2091	吳幸秋
藝術家漢唐陶藝工坊	屏東市公益街37號	(08) 733-0805	王耀瑞
日月窯陶藝中心	宜蘭縣冬山鄉永興路一段190號	(03) 958-2498	李訓民
維陶館	宜蘭縣冬山鄉廣安村水井路2號	(03) 951-6668	吳金維
陶庫工作室	花蓮市建國街21號	(03) 832-7694	陳博文、翁淑美
古采工作室	花蓮市林政街19巷10號	(03) 834-5513	林昭慶
安琪兒陶藝教室	花蓮市中山路609號	(03) 832-0100	蔡榮宗、鐘絢暉
木麻坊西洋陶藝	花蓮市光復街97-1號	(03) 834-6733	劉雁萍、李明煌
昱心陶藝工作室	台東市安慶街101號	(089) 325-959	王昱心
古城陶藝工作室	深圳市福田區圓嶺新村45棟102號	(755) 226-2990	陸斌、古川子

附錄(五)
陶藝書籍
（本地市面上可購得者）

陶瓷學	程道腴	徐氏基金會
陶藝講座	邱煥堂	藝術家出版社
陶藝入門	（譯自日本陶藝入門）	武陵出版社
陶瓷學概論	程道腴	徐氏基金會
陶瓷基本教材	任騰閣	徐氏基金會
陶瓷技術	鄭善鋆	師友工業圖書股份有限公司
陶塑入門	黃文宗	藝術家出版社
陶瓷雕塑術	任騰閣	徐氏基金會
陶瓷雕塑大全	張志純	徐氏基金會
陶瓷製作大全	鄧健民譯	徐氏基金會
陶瓷技術概論	宋光梁	徐氏基金會
高級技術陶瓷	陳克紹校訂	金文科技編委會
陶甓瓦缸作業	何啓民	台灣商務印書館
實用陶瓷製模學	何啓民	台灣商務印書館
陶瓷坯料之製泥作業	何啓民	台灣商務印書館
陶瓷原料概論	宋光梁	徐氏基金會
陶藝釉藥	（譯自日本 陶藝の釉藥 大西政太郎著）	武陵出版社
釉藥基本調配	林葆家審編	業強出版社
陶瓷釉藥學	程道腴	徐氏基金會
製陶瓷所用黏土和釉	程道腴	徐氏基金會
陶瓷原料之處理及製粉作業	何啓民	台灣商務印書館
陶瓷原料之產狀、性質及其功用	何啓民	台灣商務印書館
窯業詞彙	鄭武輝、程道腴、潘德華	徐氏基金會
窯業操作	程道腴、鄭武輝譯	徐氏基金會
陶瓷窯轆學	程道腴、鄭武輝譯	徐氏基金會
窯業配方總綱	程道腴、賴玉足	徐氏基金會
窯及陶瓷燒成作業	何啓民	台灣商務印書館
工業陶瓷	程道腴、鄭武輝	徐氏基金會
中國陶瓷	譚旦冏等	光復書局
陶瓷彙錄	譚旦冏	國立故宮博物院
中華藝術大觀(3)——陶瓷	顧俊	新夏出版社
中國陶瓷史	吳仁敬、辛安潮	金文科技編委會
中國陶瓷史	譚旦冏編著	光復書局
明代陶瓷大全		藝術家出版社
宜興陶器圖譜	杜潔祥、詹 華編	金文科技編委會
陶瓷路	三上次男著、宋念慈譯	藝術家出版社
陶瓷設計	龍鵬翥	設計家文化出版公司
陶瓷工藝	吳讓農	台灣省政府教育廳出版

陶藝創作——生活、創意與技法

羅森豪 著 | 16開本 | 平裝 | 292頁 | ISBN：9789574741328 | 書號：10-048 | 定價600元

這是一本全方位的陶藝創作引導書。作者將自然、心靈、家庭、婚姻、人際觀係，及生活環境，作為陶藝創作的主題方向，讓陶藝傳統的技藝與精神，宛如心靈的新意識運動般，融入人們的日常生活以及生命中，並重新發現滿足心靈的能力。

在技術方面，從取土與洗土、練土與揉土、徒手捏塑、陶板成型、手拉坏等基本技法，書中以1000多張製作步驟圖與詳盡解說，讓讀者可以跟著模擬實際操作，深入了解陶藝的整體製程。本書亦介紹自製工具的方法，且公開作者多年研究的實用釉藥配方，並提供陶藝製作過程中諸多問題的解決方法，是陶藝創作者訓練扎實基本功的必備工具書。

精彩內頁預覽

★繼《水彩畫法的奧祕》後，謝明錩醞釀十年，一部「藝術家」養成的經典著作！

水彩創作——觀念、技法與實作解析

謝明錩 著 ·16開本 / 平裝 / 272頁 / ISBN：9789574741267 / 書號；10-047 / 定價680元

這是一本「從來沒有人寫過的書」，作者醞釀了十年，期間不斷收集資料、規劃內容，並拍攝自己的創作過程，也從學生群中搜羅可以印證理論的作品。本書的最大任務是「通過技巧、結構觀念與創造思維，引導畫者，走向創作之路並建立自己的風格」。

創造一件「藝術品」，美感、素描、技巧、構圖、內涵、創意、風格等七種條件是缺一不可的。這其中，有些是被認定「可以教的」，本書傾力傳授了；有些得靠天分與修養，是屬於「不可教」且難以企及的，本書也「試圖」以引導、感化的方式點出了它的奧妙。

精彩內頁預覽

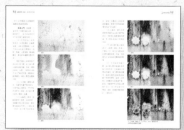

雄獅叢書10-013

陶藝技法1・2・3

作　　　者	李亮一	
發 行 人	李賢文	
編　　　輯	李梅齡	
美術設計	施恆德	
助理美編	呂秀蘭	
攝　　　影	林日山	
出 版 者	雄獅圖書股份有限公司	
地　　　址	106台北市忠孝東路四段216巷33弄16號	
電　　　話	(02)2772-6311	
傳　　　真	(02)2777-1575	
郵撥帳號	0101037-3	
E - m a i l	lionart@ms12.hinet.net	
網　　　址	http://www.lionart.com.tw	
打　　　字	極翔企業有限公司	
電腦排版	金威電腦排版有限公司	
製　　　版	明煌印刷事業股份有限公司	
印　　　刷	明煌印刷事業股份有限公司	
定　　　價	420元	
初　　　版	1986年2月	
7版15刷	2013年7月	
網　　　址	http://www.lionart.com.tw	

行政院新聞局登記證局版臺業字第0005號

ISBN　957-9420-02-5